UNSER FENSTER ZUM WELTRAUM

400 Jahre Entdeckungen mit Teleskopen

Die Autoren

Govert Schilling
Amersfoort, The Netherlands

Lars Lindberg Christensen
ESA/Hubble
ESO/ESA/ST-ECF
Garching, Germany

Design und Layout

Martin Kornmesser &
Nuno Marques
ESA/Hubble
ESO/ESA/ST-ECF
Garching, Germany

Übersetzung

Sybille Otterstein

1. Auflage 2009

STERNENTSTEHUNGSGEBIET S106 (DECKEL-INNENSEITE)

Das *Subaru*-Teleskop auf Mauna Kea stellte diese tiefe Infrarot-Aufnahme des Sternentstehungsgebiets S106 her. S106 befindet sich etwa 2000 Lichtjahre von der Erde entfernt. Die Sanduhrerscheinung von S106 wird durch Materie verursacht, die vom zentralen Stern außen abgestoßen wurde. Das Infrarotbild weist eine hohe Auflösung auf und enthüllt auch winzige Details, wie z.B. Kräusel im Nebel.

DIE FEUERRAD-GALAXIE MESSIER 101 (RÜCKEN-INNENSEITE)

Die gigantischen Arme der Spiralgalaxie Messier 101, die aus Sternen, Staub und Gas bestehen, bilden ein gewaltiges Feuerrad mit einem Durchmesser von 170.000 Lichtjahren, d.h. sie ist beinahe doppelt so groß wie die Milchstraße. Diese Galaxie soll in etwa eine Trillion Sterne enthalten. Man vermutet, dass alleine 100 Milliarden davon die Temperatur und Lebensdauer unserer Sonne besitzen. Dank der hohen Auflösungskapazität des *Hubble*-Weltraumteleskops, lassen sich Millionen einzelner Sterne der Galaxie auf diesem Bild erkennen.

Bibliografische Information der Deutschen Nationalbibliothek

Die Deutsche Nationalbibliothek verzeichnet diese Publikation in der Deutschen Nationalbibliografie; detaillierte bibliografische Daten sind im Internet über http://dnb.d-nb.de abrufbar.

Printed in Italy
Gedruckt auf säurefreiem Papier.

Satz	Hagedorn Kommunikation GmbH, Viernheim
Druck	L.E.G.O. S.p.A., Vicenza
Bindung	L.E.G.O. S.p.A., Vicenza

ISBN: 978-3-527-40867-2

UNSER FENSTER ZUM WELTRAUM

400 Jahre Entdeckungen mit Teleskopen

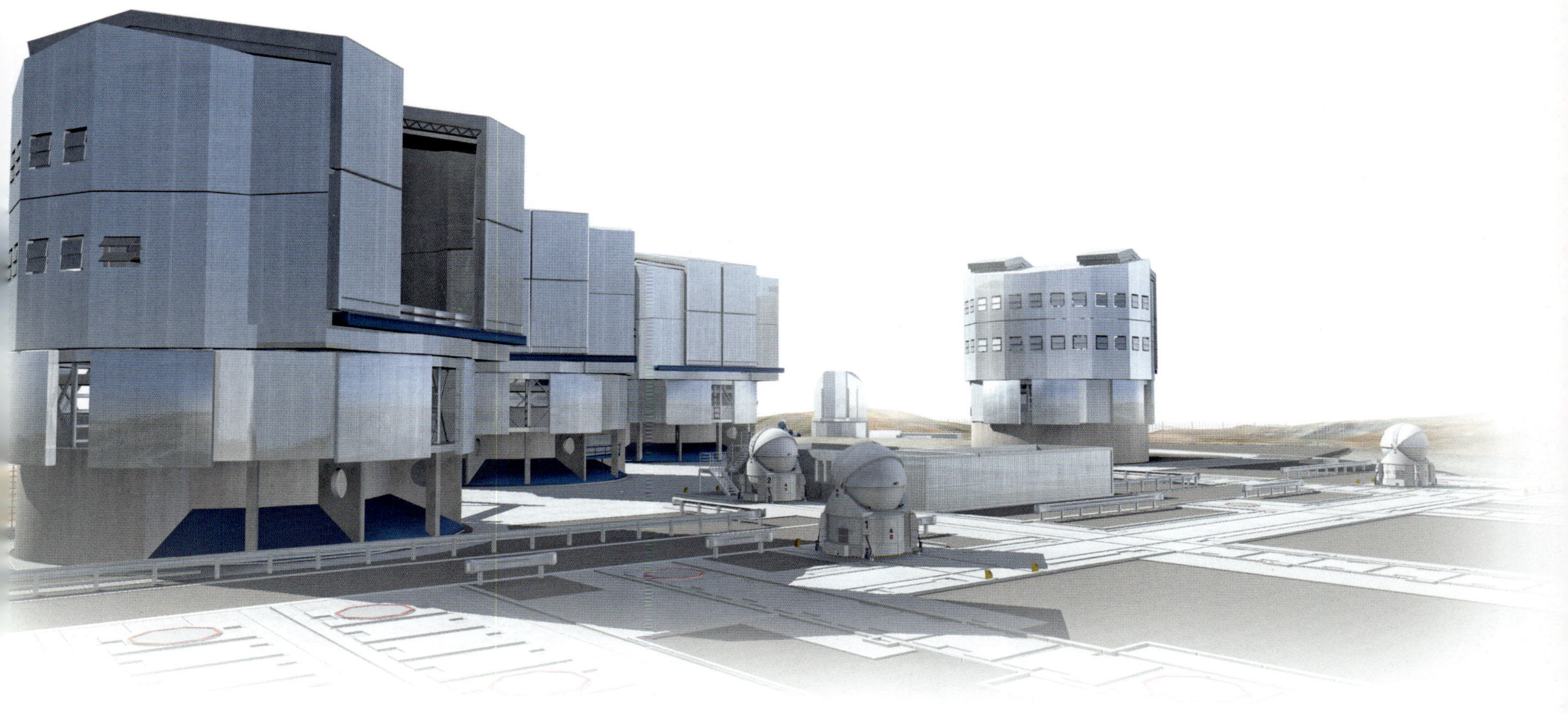

WILEY-VCH

STERNSTRICHSPUREN ÜBER GEMINI-NORD

In majestätischen Bögen ziehen Sterne ihre Bahn über dem Gemini-Nord-Teleskop in dieser lange belichteten Aufnahme, die auf dem Mauna Kea entstand. Das Licht des untergehenden Mondes wird auf der rechten Seite der Kuppel reflektiert, während das Sternenlicht nur ein schwaches Nachleuchten auf der linken Seite hinterlässt. In der Mitte sieht man den Lichtschein einer kleinen roten Taschenlampe.

INHALT

VORWORT

DIE PRÄCHTIGE STARBURSTGALAXIE MESSIER 82 – EINE MULTIWAVELENGTH-AUFNAHME

Diese an ein Feuerwerk erinnernde Aufnahme im Bereich mehrerer Wellenlängen, von der aktiven Spiralgalaxie Messier 82 wurde von drei Weltraumteleskopen gemacht. Die Röntgenaufnahmen des Chandra-Satelliten erscheinen in blauen und die Infrarotaufnahmen des Spitzer-Weltraumteleskops in roten Farben. Die vom Hubble-Weltraumteleskop aufgenommenen Wasserstoffemissionen sind orange, während blaue Strahlung der Galaxie in gelbgrün erscheint.

Schon unsere fernen Ahnen blickten voller Staunen und Ehrfurcht in den Nachthimmel. Vor 400 Jahren aber ereignete sich etwas Unvorhersehbares, was noch bis in die Gegenwart nachwirkt: Galileo richtete sein aus Vergrößerungsgläsern zusammengebautes Instrument in den Himmel, wohl wissend um neue Erkenntnisse aus dem Fernrohrbau andernorts in Europa. So wurde er der Erste, der erstaunliche Erscheinungen am Himmel beobachten konnte: Die Gebirge des Mondes, die Phasen der Venus, Jupiters Satelliten, Sonnenflecken... usw. Das Wesentliche, und das für uns als Astronomen Entscheidende an Galileos damaligen Vorgehen ist, dass er daraufhin sofort begann, die Bedeutung des Beobachteten zu interpretieren, die wunderschönen Bilder in Fakten über die Erde und ihre Position und Bewegung in Bezug auf die Sonne umzusetzen. Er erkannte die Ähnlichkeit zwischen Mond und Erde, und ihm wurde bald klar, dass Jupiter mit seinen Satelliten ein eigenes kleines Sonnensystem darstellte.

Das alles geschah vor 400 Jahren. Seit diesem Tag folgen Astronomen Galileos Spuren, verbessern dabei kontinuierlich ihre Teleskope und Instrumente und versuchen, anhand der beobachteten Daten, die Welt und das Universum zu erklären. Die dabei erzielten Fortschritte sind umwerfend! Heutzutage gibt es auf der ganzen Welt zahlreiche optische Teleskope mit Durchmessern von über acht Metern. Diese werden noch ergänzt durch bodengebundene Radioteleskope und neue Detektoren für höchstenergetische Teilchen und Photonen, während Satelliten andere Strahlungsarten aus dem Universum registrieren. Es ist zwar äußerst kostspielig, aber Weltraummissionen bieten geradezu ideale Bedingungen für Beobachtungen, selbst im optischen und infraroten Licht, wie schon anhand der einzigartigen Ergebnisse des mittelgroßen Hubble-Weltraumteleskops zu erkennen ist, das die Daten der gigantischen bodengebundenen Teleskope ergänzt. Diese neuen Beobachtungen und die Interpretationen und Theorien denen sie Vorschub leisteten, haben nicht nur unsere Ansichten über das Sonnensystem grundlegend verändert, sondern auch den Rest des Universums, seinen Ursprung, seine Entwicklung, die Geschichte seiner Bestandteile, Gaswolken, Galaxien und Galaxienhaufen, Sterne, Planeten in unserem Sonnensystem und woanders, zu Studienobjekten gemacht.

Deshalb feiern wir im Internationalen Jahr der Astronomie 2009 Galileos Vermächtnis und alle Entdeckungen, die in der Zwischenzeit bis zum heutigen Tage gemacht wurden, sowie die explosionsartige Erkenntnisvermehrung, deren wir jetzt Zeugen werden und die erst durch neuartige Technologien ermöglicht wurden. Dieses Buch, geschrieben von zwei erfahrenen und talentierten Botschaftern der Astronomie, illustriert auf wunderbare Weise die vierhundertjährige Geschichte des Teleskops und die erstaunlichen technologische Fortschritte im universellen Erkenntnisprozess.

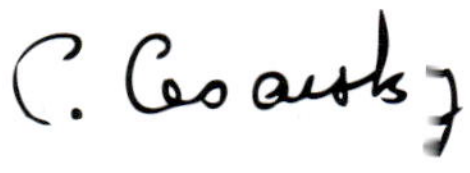

Catherine Cesarsky

Präsidentin der Internationalen Astronomischen Union und Forschungsdirektorin der DSM (Direction des Sciences de la Matière) der staatlich geförderten, technologischen Forschungsorganisation (CEA) in Saclay, Frankreich.

CONSTELLATIO.

1

EIN NEUER BLICK IN DEN HIMMEL

GALILEIS BERÜHMTE TELESKOPE

Galileo Galilei machte mit seinen kleinen, selbst gebauten Teleskopen, die Objekte um den Faktor 20 vergrößern konnten, einige der erstaunlichsten Entdeckungen der Menschheitsgeschichte. Er beobachtete Sterne und Nebel, studierte astronomische Objekte unseres Sonnensystems wie die Sonne, den Mond, Saturn, Jupiter und Venus. Auch wenn er das Teleskop nicht selbst erfunden hat, war er es, der es weltberühmt machte.

Das Teleskop ist das Wunderinstrument der Astronomie. Es enthüllt schwach leuchtende Sterne und Nebel, und es vergrössert weit entfernte Objekte. Teleskope führen Astronomen auf eine Reise zu den entfernten Ufern des Universums, wo glitzernde Galaxien die dunkle Leere des Kosmos schmücken. Gleichzeitig dienen Teleskope als Zeitmaschinen, die dem Wissenschaftler einen Blick in früheste kosmische Epochen erlauben. Es lässt sich von keinem anderen Instrument sagen, soviel für das Selbstverständnis des Menschen in Bezug auf seine Stellung in Zeit und Raum getan zu haben. Astronomie würde ohne das Teleskop wohl kaum als Wissenschaft gelten. Vor vierhundert Jahren begaben sich die frühen Pioniere auf eine unglaubliche Entdeckungsreise; sie führte von der zufälligen Anordnung zweier einfacher Linsen zu den hochtechnisierten Weltraumteleskopen und den gewaltigen Spiegelteleskopen in luftigen Höhen.

„In jener Nacht löste Galilei eine wissenschaftliche Revolution kosmischen Ausmaßes aus."

Vor vierhundert Jahren spazierte ein Mann über die Felder in der Nähe seines Hauses in Padua und richtete sein selbstgemachtes Fernrohr gen Himmel, um sich den Mond, die Planeten und die Sterne anzuschauen. Dieser Tag änderte die Astronomie von Grund auf. Es war an einem Donnerstag, dem 30. November 1609. Der Mann, um den es sich handelt, war der italienische Physiker und Astronom Galileo Galilei. Auch wenn es ihm damals nicht bewusst war, so löste er in jener Nacht eine wissenschaftliche Revolution kosmischen Ausmaßes aus. In Gedenken an Galileis erste Himmelsbeobachtungen mit einem Fernrohr, haben die Vereinten Nationen und die Internationale Astronomische Union das Jahr 2009 zum Internationalen Jahr der Astronomie erklärt.

In den tausenden Jahren vor Galileis Erfindung stand den Menschen allein ihr Auge zur Beobachtung des Universums zur Verfügung. Diese Erfindung sollte alles ändern. Heutzutage setzen Astronomen gigantische Teleskope auf abgelegenen Berggipfeln zusammen, um durch die dünnsten Schichten der klarsten, stillsten Atmosphäre hindurch auch noch die schwächsten Signale von den entferntesten und ältesten bekannten astronomischen Objekten zu erfassen. Den Radioteleskopen entgeht auch nicht das leiseste Zirpen und Flüstern aus dem Weltall. Wissenschaftler haben inzwischen sogar Teleskope in die Umlaufbahn der Erde gebracht – fernab von allen störenden Einflüssen unserer Atmosphäre. Und der Ausblick ist atemberaubend.

Das Teleskop war nicht von Galilei erdacht worden und sein wahrer Ursprung ist noch heute umstritten. Basierend auf den ältesten, existierenden Dokumenten wird dem deutsch-niederländischen Brillenmacher Jan Lipperhey (auch als Hans Lippershey bekannt) die Erfindung des ersten Fernrohrs für Anfang des 17. Jahrhunderts zugesprochen. Lipperhey experimentierte mit Linsen und bemerkte, als er eine konvexe Linse an das eine und eine konkave Linse an das andere Ende einer Kartonröhre anbrachte dass man damit entfernte Objekte vergrößert betrachten konnte. Das Teleskop war erfunden!

„Die wahre Herkunft des Teleskops bleibt geheimnisumwoben.“

GALILEI BEIM VORFÜHREN EINES SEINER TELESKOPE

Im August 1609, führte Galilei dem Dogen, Herrscher von Venedig, vor, wie man seine neuen Teleskope zur Beobachtung von Sternen benutzte. Galilei steht hier rechts von seinem Teleskop, in der Mitte des Markusplatzes in Venedig. Als leidenschaftlicher Erfinder hat Galilei nicht nur die Bauart des Teleskops revolutioniert, sondern war auch einer der Ersten, der erkannte, dass es für das Studium des Himmels geeignet war und nicht nur zum Vergrößern von Objekten auf der Erde. In den darauf folgenden Jahren sollten es Galileis Beobachtungen sein, die dem heliozentrischen Weltbild Nikolaus Kopernikus endgültig Glaubwürdigkeit verliehen.

Soweit bekannt ist, hat sich Jan Lipperhey selbst niemals für die Sterne interessiert. Er glaubte, dass seine Erfindung hauptsächlich Seefahrern und Soldaten dienen würde. Er stammte aus Middelburg, einer großen Handelsstadt der jungen niederländischen Republik, die sich damals im Krieg gegen Spanien befand. Im Oktober 1608 führte Lipperhey sein Instrument stolz Seiner Königlichen Majestät, dem Prinzen Moritz von Oranien, Statthalter in der Niederlande vor. Der Prinz konnte damit von einem Turm in Den Haag aus, die Zeit an der Kirchturmuhr von Delft, in acht Kilometern Entfernung ablesen. Mit Hilfe dieses neuen Fernglases konnte man von nun an feindliche Schiffe und Heere entdecken, die für das bloße Auge zu weit entfernt waren. In der Tat eine nützliche Erfindung. Trotzdem gewährte man Lipperhey nicht das beantragte Patent auf sein Fernrohr, da ihm auch andere Kaufleute, insbesondere sein Konkurrent Zacharias Janssen, der ebenfalls Brillenmacher war, den Anspruch auf die Erfindung streitig machten. Es ist tatsächlich möglich, dass das erste Fernrohr in Middelburg um 1604 gebaut wurde. Dieser Disput ist nie beigelegt worden. Damit bleibt die wahre Herkunft des Teleskops geheimnisumwoben.

JAN LIPPERHEY, DER ERFINDER DES TELESKOPS

Obwohl es nicht hundertprozentig feststeht, wer die ersten Teleskope baute, so war es doch der niederländische Brillenmacher Jan Lipperhey aus Middelburg, der im Herbst 1608, als Erster, ein Patent auf ein Teleskop anmeldete. Leider beschieden die holländischen Generalstaaten seinen Antrag abschlägig, da auch noch andere Anspruch auf die Erfindung erhoben. Die Gerüchte über diese Erfindung verbreiteten sich schnell und weit, bis nach Italien, wo Galilei denn auch prompt ein Teleskop nachbaute und auf die Sterne richtete. Dieser Stich wurde Pierre Borels Buch *De Vero Telescopii Inventore* aus dem Jahre 1655 entnommen.

Wer war der Erste?

Jan Lipperheys Patentantrag aus dem Jahre 1608, für ein *„Instrument um in die Ferne zu sehen“*, ist das älteste existierende historische Dokument, dass sich auf die Erfindung des Teleskops bezieht. Doch einige Historiker denken, dass sein Middelburger Konkurrent, Zacharias Janssen, der Erste gewesen war, der ein funktionierendes Teleskop gebaut hatte. Die Wahrheit darüber wird uns wohl für immer verborgen bleiben.

Lipperhey (oben) führte sein Fernrohr, Anfang Oktober 1608, dem Prinzen Moritz vor und beantragte das Patent darauf bei den niederländischen Generalstaaten. Doch hatte man bereits seit einiger Zeit über das Fernrohr munkeln hören. Mitte September hatte ein gewisser Jacob Metius aus Alkmaar, der selbst mit optischen Geräten experimentierte und mehr über die Middelburger Erfindung in Erfahrung bringen wollte, Lipperhey aufgesucht. Metius' Interesse könnte Lipperhey darauf gebracht haben, sein Instrument zum Patent anmelden zu wollen. Auf jeden Fall meldete Metius nur wenige Tage nach Lipperheys Vorführung auch ein Patent an. All das geschah, während sich Lipperheys Konkurrent, Zacharias Janssen, ebenfalls Brillenmacher, auf Geschäftsreisen außer Landes befand. Als Janssen Mitte Oktober nach Middelburg zurückkehrte, sagte er aber aus, dass er das erste Fernrohr gebaut hätte. Das Ergebnis des Disputs war, dass Lipperhey nie das Patent auf sein Fernrohr zugesprochen wurde, aber ihm die Generalstaaten sehr wohl eine große Geldsumme für den Bau eines Doppelfernrohres zahlten, welches er noch im Dezember desselben Jahres ablieferte.

Könnte etwas an Janssens Geschichte dran sein? Willem Boreel, niederländischer Gesandter zu Paris, der den Fall vierzig Jahre später im Auftrag von Pierre Borel, dem Leibarzt Ludwig XIV. – und selbst Hobby-Astronom – untersuchte, kam zumindest zu diesem Schluss. Janssens Anspruch würde sich auch mit einer Geschichte decken, von der man erst Anfang des 20. Jahrhunderts erfuhr. Im Jahre 1634, wenige Jahre nach Janssens Tod, besuchte der niederländische Wissenschaftler Isaac Beekman die Stadt Middelburg, um die Kunst des Linsenschleifens von Janssens Sohn, Johannes Zachariassen zu erlernen. In Beekmans Tagebuchaufzeichnungen ist Zachariassens Geschichte vom Bau des ersten Teleskops durch seinen Vater im Jahre 1604 nachzulesen.

„Es war an der Zeit, das Fernrohr gen Himmel zu richten."

In Padua erfuhr Galileo Galilei von einem französischen Kollegen von dem Fernrohr. Galilei war der größte Wissenschaftler seiner Zeit: Er befasste sich mit dem Studium fallender Objekte, entwickelte Bewegungsgesetze, stellte die Jahrhunderte alten Überlieferungen des griechischen Philosophen Aristoteles in Frage und lieferte damit das Fundament für die moderne Wissenschaft. Galilei war außerdem ein leidenschaftlicher Verfechter des neuen Weltbildes des polnischen Astronomen Nikolaus Kopernikus, der behauptete, dass sich die Erde um die Sonne drehe und nicht umgekehrt.

Galilei baute seine Instrumente auf Grundlage dessen, was er über die niederländische Erfindung gehört hatte. Sie waren von wesentlich besserer Qualität, mit einem größeren Gesichtsfeld, schärferer Abbildung und stärkerer Vergrößerung.

> *„Indem ich weder Arbeit noch Ausgaben scheute", so schrieb er, „ist es mir endlich gelungen, ein so ausgezeichnetes Instrument zu bauen, dass Objekte dadurch jetzt um das Tausendfache vergrößert erscheinen, als mit bloßem Auge betrachtet."*

Es war an der Zeit, das Fernrohr gen Himmel zu richten.

Wurde das Teleskop etwa in England erfunden?

Einige Historiker behaupten, es sei der englische Mathematiker und Landvermesser Leonard Digges gewesen, der das erste Teleskop bereits Jahrzehnte vor sowohl Lippersheim als auch Galileo gebaut habe. In seinen Aufzeichnungen aus dem Jahr 1571 beschreibt sein Sohn Thomas die Experimente seines Vaters mit „perspektivischen Gläsern". Auch William Bourne, ein Zeitgenosse Digges' schrieb: „Um nämlich ein kleines Ding in großem Abstand zu sehen, bedarf es der Hilfe von zwei Gläsern." Vom englischen Astronomen Thomas Harriot wird ebenfalls berichtet, er habe Indianern auf seiner Reise nach Virginia, schon 1586, „perspektivische Gläser" gezeigt. Es existiert aber kein überzeugender Beweis für ein elisabethanisches Teleskop, und Digges' „perspektivische Gläser" könnten einfach nur radkappengleiche konvexe Spiegel gewesen sein.

„Eine Landschaft von Kratern, Bergen und Tälern. Eine Welt, genau wie die unsere!“

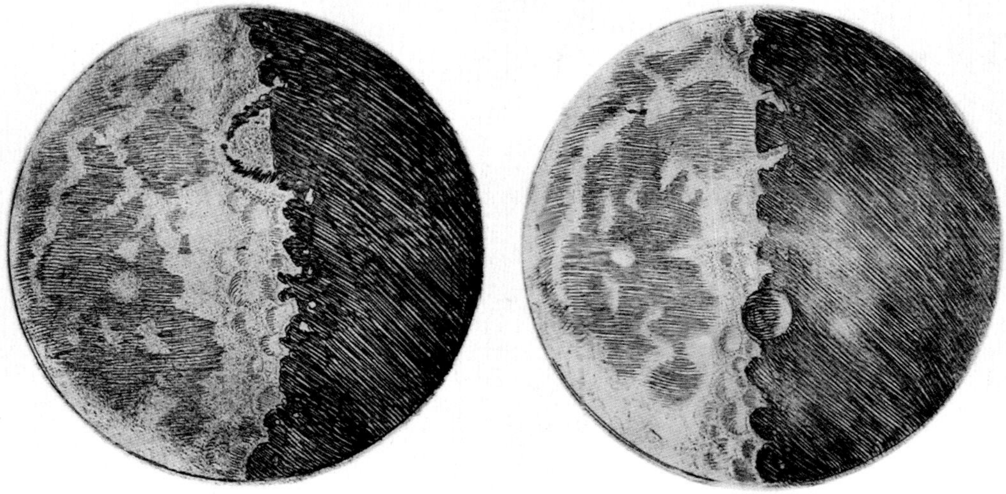

GALILEIS MONDZEICHNUNGEN AUS DEM JAHRE 1610

Am 30. November 1609 fertigte Galilei als Resultat seiner Beobachtungen, erste Skizzen vom Mond mit Hügeln und Kratern an. In England hatte Thomas Harriot zwar bereits im Sommer 1609 den Mond durch ein Teleskop beobachtet, aber Galilei veröffentliche seine Mondzeichnungen als Erster und gab dazu eine ausführliche Beschreibung seiner Beobachtungen.

Am 30. November 1609, direkt vor seiner Heimatstadt Padua, richtete Galilei das Fernrohr auf den Mond und hielt seine Gedanken beim ersten Anblick des außerirdischen Himmelskörpers schriftlich fest:

> *„Ich bin zu der Ansicht, ja, gar der Überzeugung gelangt, dass die Oberfläche des Mondes nicht glatt, gleichförmig und perfekt rund ist, wie uns die Philosophen lehren, sondern uneben, ungleichmäßig, zerklüftet und gebirgig, ja gar nicht unähnlich dem Angesicht der Erde.“*

Eine Landschaft von Kratern, Bergen und Tälern. Eine Welt, genau wie die unsere!

Wer benutzte Teleskope als Erster für die Astronomie?

Eine andere kontroverse Frage ist die nach der Person, die das Teleskop zum ersten Male für astronomische Zwecke benutzte. War es der englische Astronom Thomas Harriot oder der italienische Astronom Galileo Galilei? Thomas Harriot war Wissenschaftler und Astronom, und lebte in Oxford. Er war Kartograph auf einer von Sir Walter Raleigh organisierten Expedition gewesen. Es wird behauptet, dass Harriot bereits am 5. August 1609 den Mond durch ein Teleskop betrachtet und gezeichnet haben soll. Das wäre dann Monate vor Galileis Beobachtungen an dem schicksalsträchtigen Donnerstag, 30. November 1609 gewesen. Das könnte sehr wohl stimmen, doch läßt es sich schwerlich beweisen, da Harriot seine Ergebnisse nicht, wie seine anderen wissenschaftlichen Erkenntnisse, veröffentlicht hat. Obwohl Harriots Beobachtungen nicht so bekannt geworden sind wie die von Galilei, scheint der englische Astronom auch als Erster, am 3. Dezember 1610, Sonnenflecken entdeckt zu haben.

„Nicht alles drehte sich um die Erde, wie die Griechen geglaubt hatten!“

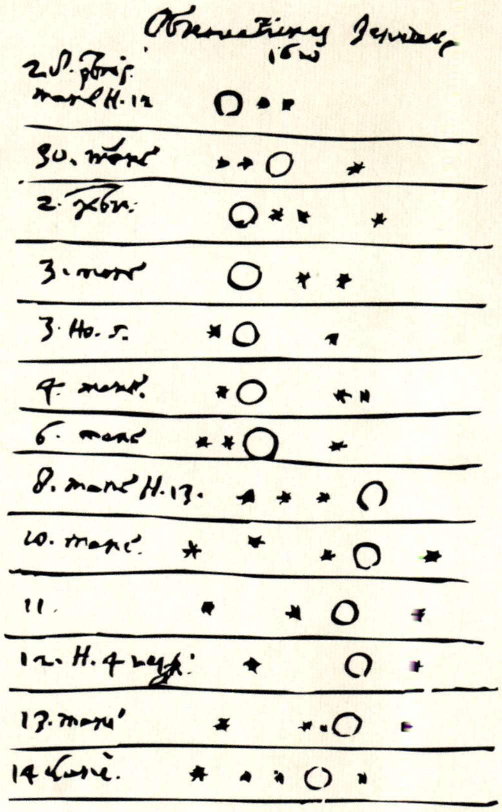

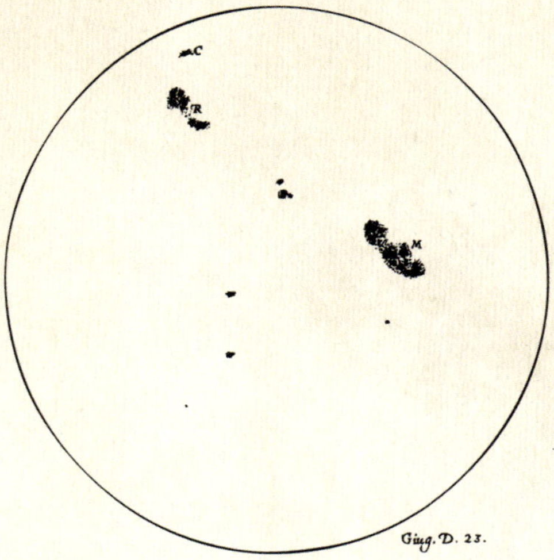

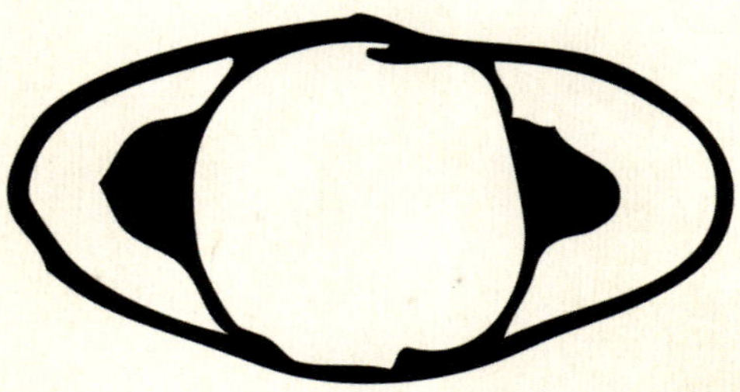

GALILEIS AUFZEICHNUNGEN ÜBER DIE JUPITER-MONDE, DIE SONNENFLECKEN UND SATURN

Galilei entdeckte die vier größten Satelliten des Planetengiganten Jupiter (links) und fertigte detailgetreue Zeichnungen der dunklen Sonnenflecken (rechts oben) an. Er verstand jedoch nicht, was es mit den seltsamen „Anhängseln“ an beiden Seiten des Saturns auf sich hatte (rechts unten). Es war der holländische Astronom Christiaan Huygens, der 1656 erkannte, dass Saturn von flachen Ringen umgeben ist.

Ein paar Wochen darauf, im Januar 1610, betrachtete Galilei den Planeten Jupiter. In der Nähe des Planeten, der eindeutig die Form einer kleinen Scheibe besaß, sah er vier „Sterne“, die ihre Position von einem Tag zum anderen änderten. Ein kosmisches Satellitenballett tänzelte langsam um den Planeten herum. Für Galilei war das der eindeutige Beweis dafür, dass Kopernikus Recht hatte: Es drehte sich nicht alles um die Erde, wie die Griechen geglaubt hatten!

Und es gab noch mehr. Die Phasen der Venus, zum Beispiel. Dieser brilliant leuchtende Planet ist von der Erde aus morgens und abends zu sehen und weist ähnliche Phasen wie der Mond auf, da sich seine Umlaufbahn in der Nähe der Sonne befindet: mal zeigt er sich als schmale Sichel, mal als volle Scheibe. An den Seiten Saturns entdeckte Galilei merkwürdige Anhängsel, die wie die Henkel einer römischen Amphore aussahen und über die Jahre hinweg wuchsen und schrumpften. Es ging das Risiko ein, sein Sehvermögen zu verlieren, als er die dunklen Flecken auf der blendend hellen Oberfläche der Sonne beobachtete. Und

„Es galt ein ganzes Universum zu entdecken.“

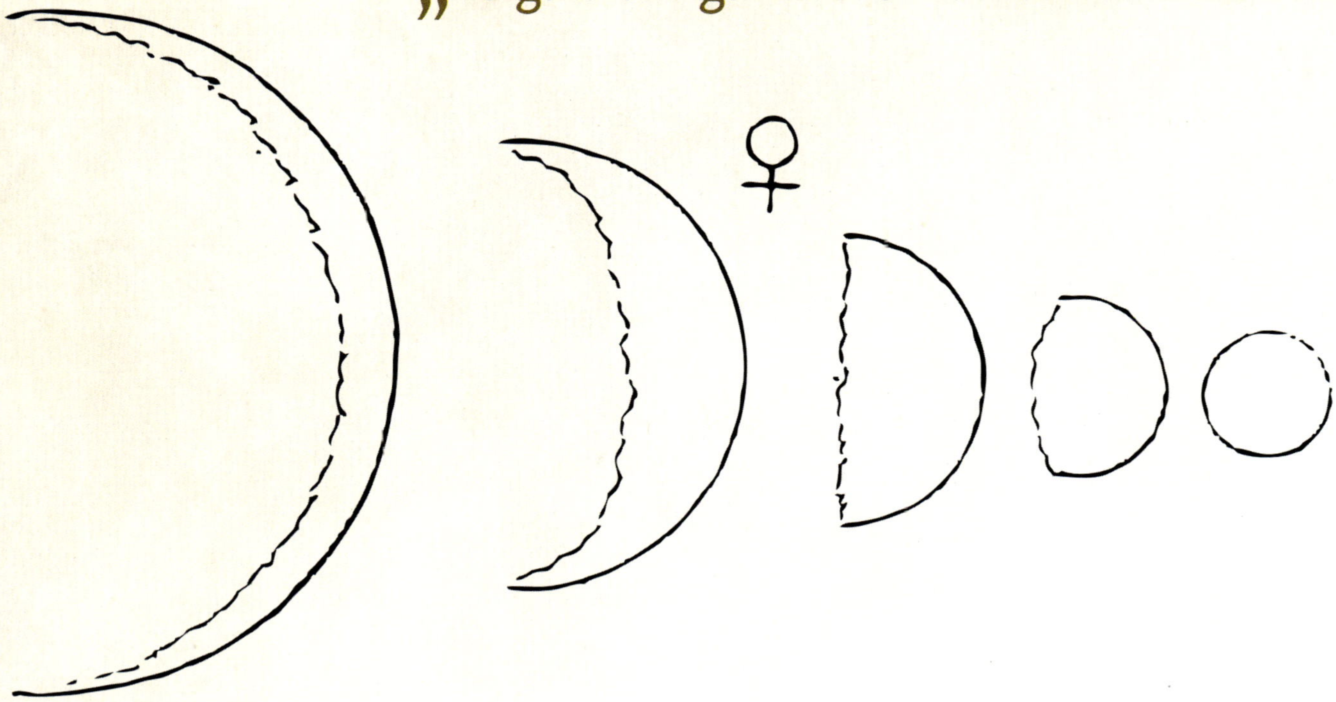

GALILEIS ZEICHNUNGEN VON DER VENUS

Laut dem überkommenen geozentrischen Weltbild der Griechen, konnte sich der Planet Venus nie weiter von der Erde entfernen als die Sonne. Doch durch Galileis Beobachtungen wurde bald klar, dass die Venus, ebenso wie der Mond, Phasen durchläuft. Da der Planet nur zu einem Dreiviertel zu sehen ist (rechts), wenn er sich nahe bei der Sonne befindet, muss er sich von der Erde aus gesehen hinter der Sonne befinden. Dies war der überzeugendste teleskopische „Beweis“ für Kopernikus‘ heliozentrische Hypothese.

dann gab es da auch noch die Sterne: Tausende Sterne, wenn nicht sogar Millionen, zu schwach leuchtend, um mit bloßem Auge entdeckt werden zu können. Es war so, als hätte man der Menschheit endlich die Augenbinde abgenommen. Es galt ein ganzes Universum zu entdecken.

Die Nachricht von dem Fernrohr verbreitete sich wie ein Lauffeuer durch Europa. In Prag, am Hofe des Kaisers Rudolf II., verbesserte Johannes Kepler, ein großer Bewunderer Galileis, die Bauart des Instruments. In Antwerpen benutzte der niederländische Kartograph Michael Florent van Langren das Fernrohr dazu, die erste zuverlässige Mondkarte einschließlich der Kontinente und Ozeane zu erstellen. Johannes Hevelius, ein wohlhabender Brauer und Amateurastronom in Polen, baute große Teleskope auf dem Dach seines privaten Observatoriums in Danzig.

Astronomie vor dem Teleskop

Was taten Astronomen vor der Erfindung des Teleskops? Sie sahen dasselbe, was alle sehen konnten: die wechselnden Mondphasen, wandernde Planeten, Sonnenfinsternisse, Kometen, Sternschnuppen und ab und zu eine Supernova. Trotzdem waren sie Wissenschaftler. Sie hielten fest, was sie beobachteten und ersannen philosophische Erklärungen, um all diese Himmelsphänomene zu erklären. Die Griechen glaubten, dass sich die Erde im Zentrum des Universums befände und die Sonne, der Mond und die Planeten um sie herum auf kristallenen Sphären kreisen würden. Kopernikus vertrat das heliozentrische Weltbild, in dem sich die Sonne im Zentrum befindet und die Planeten um diese kreisen, hielt jedoch an den Fixsternen auf kristallenen Sphären am Rande des Sonnensystems fest. Erst im späten 16. Jahrhundert begannen Wissenschaftler, die Sterne als weitere Sonnen zu verstehen, die quer durch den dreidimensionalen Raum verstreut sind.

NEWTONS REFLEKTOR

Isaac Newtons erster Reflektor konnte, bei einer Größe von nur 15 Zentimetern, Objekte um das Vierzigfache vergrößern – das ist mehr als ein zwei Meter langer Refraktor seinerzeit schaffte. Newton gelang es mit seiner Neukonstruktion, das Problem der chromatischen Aberration – Farbfehler, die bei Refraktoren häufig angetroffen wurden – zu minimieren. Leider wies sein erster Reflektor, von dem hier eine Nachbildung zu sehen ist, stärkere Abbildungsfehler auf als andere Teleskope seiner Zeit, die durch unpräzises Schleifen des Metallspiegels hervorgerufen wurden. Aufgrund dieser Fehler, verging mehr als ein Jahrhundert, bevor Astronomen sich für Spiegelteleskope interessierten.

Die besten Instrumente seiner Zeit jedoch, baute wahrscheinlich Christiaan Huygens, in Holland, der brilliante Sohn eines wohlhabenden holländischen Dichters und Diplomats. Zusammen mit seinem Bruder Constantijn schliff er Linsen höchster Qualität, von denen einige noch heute existieren. 1655 entdeckte Huygens den größten Mond Saturns, Titan. Ein Jahr darauf gelang es ihm zu erkennen, dass es sich bei Galileis „Henkel" des Saturns in Wirklichkeit um Ringe handelte. Und zu guter Letzt sah Hyugens dunkle Spuren und helle Polkappen auf dem Mars. Sollte es womöglich Leben geben, in dieser fernen fremden Welt? Diese Frage fasziniert seit jeher die Öffentlichkeit.

Die ersten Teleskope besaßen allesamt konvexe Linsen, um das Licht der Sterne einzufangen und zu fokussieren. Diese Linsenfernrohre, auch Refraktoren genannt, weisen einen Farbfehler, die so genannte „chromatische Aberration" auf: Unterschiedliche Farben werden von den Linsen auf unterschiedliche Weise gebrochen und daher fehlerhaft abgebildet. Als Folge davon besitzen die Sterne, durch diese Teleskope betrachtet, kleine regenbogenfarbene Lichthöfe. Ein Spiegelteleskop dagegen, auch Reflektor genannt, wie es Isaac Newton zum ersten Mal im Jahre 1668 baute, besteht aus Hohlspiegeln, die diesen Farbfehler korrigieren. Leider gab es zu Newtons Lebzeiten keine guten Spiegel und die Astronomen mussten sich noch mit poliertem Metall, wie Kupfer und Zinn behelfen.

SEHR LANGE REFRAKTOREN

Zu Beginn der Teleskopgeschichte lieferten Linsen mit extrem langen Brennweiten die besten Bilder. Man musste überdimensionale hölzerne Gerüste zum Abstützen dieser Instrumente errichten, wie man in diesem Stich aus einem im Jahre 1699 veröffentlichten Buch des holländischen Autoren Nicolaas Hartsoeker sehen kann.

„Herschel muss sich gefühlt haben wie ein Kind im Bonbonladen.“

Die größten Teleskop-Spiegel der Welt wurden Ende des achtzehnten Jahrhunderts von Friedrich Wilhelm Herschel, einem deutschstämmigen Organisten und späterem Astronomen in Zusammenarbeit mit seiner jüngeren Schwester Caroline Herschel gebaut. In ihrem Haus in Bath in England gossen die Herschels rotglühend-geschmolzenes Metall in eine Gussform und polierten dann die Oberfläche des so entstandenen Spiegels solange, bis er das Sternenlicht reflektieren würde. Das größte der aus Holz gefertigten Teleskope Herschels war so groß – sein Spiegel hatte einen Durchmesser von 120 cm – dass es vier Helfer bedurfte, um all die Räder, Seile und Seilzüge zu bedienen. Schließlich mußte das Teleskop in der Lage sein, der scheinbaren Bewegung des Sternenhimmels zu folgen, welche auf die Rotation der Erde um ihre eigene Achse zurückzuführen ist. Herschel suchte den Himmel systematisch ab und katalogisierte hunderte Sternnebel und Doppelsternsysteme. Als Pionier auf diesem Gebiet muss er sich gefühlt haben wie ein Kind im Bonbonladen.

Die ersten Planetensucher

Der Planet Uranus wurde erstmals 1781 von Friedrich Wilhelm Herschel entdeckt. Neptun wurde 1846, aufgrund der Vorhersagen Urbain Le Verriers, von Johann Gottfried Galle gefunden. Beide Planeten waren bereits zuvor von berühmten Astronomen beobachtet, aber nicht erkannt worden. Der englische Astronom John Flamsteed nahm Uranus 1690 als „34 Tauri“ in seinen Sternkatalog auf. Galilei erspähte Neptun sogar noch früher, im Jahre 1612, als dieser sich in der Nähe Jupiters befand, hielt ihn aber für einen Hintergrundstern.

„Das größte der aus Holz gefertigten Teleskope Herschels war so groß, dass es vier Helfer bedurfte, um all die Räder, Seile und Seilzüge zu bedienen."

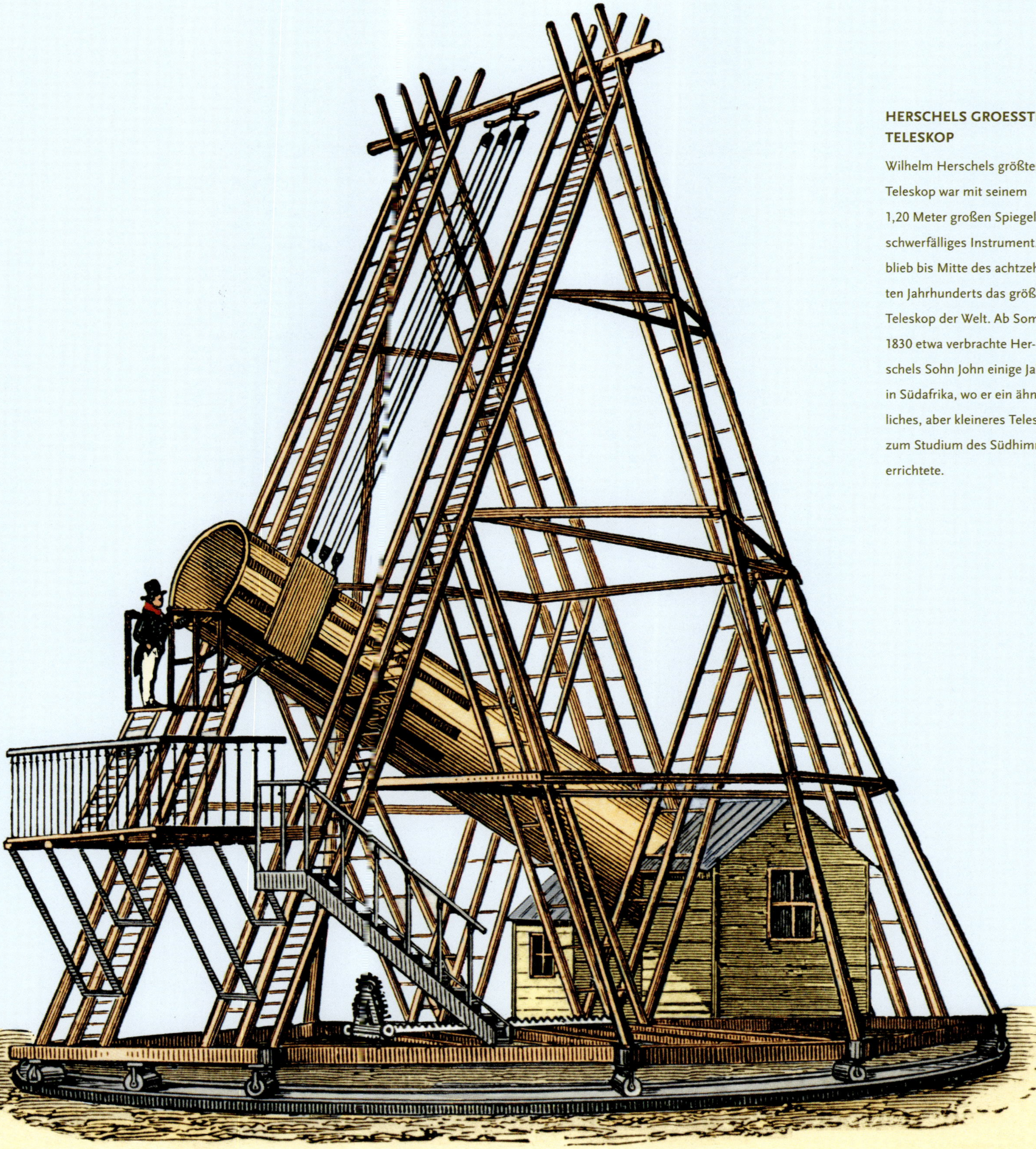

HERSCHELS GROESSTES TELESKOP

Wilhelm Herschels größtes Teleskop war mit seinem 1,20 Meter großen Spiegel ein schwerfälliges Instrument. Es blieb bis Mitte des achtzehnten Jahrhunderts das größte Teleskop der Welt. Ab Sommer 1830 etwa verbrachte Herschels Sohn John einige Jahre in Südafrika, wo er ein ähnliches, aber kleineres Teleskop zum Studium des Südhimmels errichtete.

„An mondlosen und sternklaren Nächten schaute der Earl of Rosse durch sein Okular und durchstreifte damit das Universum."

HERSCHELS ZEICHNUNG VON DER MILCHSTRASSE

Wilhelm Herschel beteiligte sich beruflich immer an den topaktuellen Themen der Astronomie und verbrachte viel Zeit damit, die Rätsel des Universums zu lösen. In dieser Abbildung sehen wir Wilhelm Herschels Zeichnung von der Milchstraße, die einer wisenschaftlichen Publikation über die Beschaffenheit des Nachthimmels beilag. Die Zeichnung veranschaulicht, wie die Sterne für jemanden aussehen, der sich in der Mitte einer dünnen, flachen Sternenscheibe befindet.

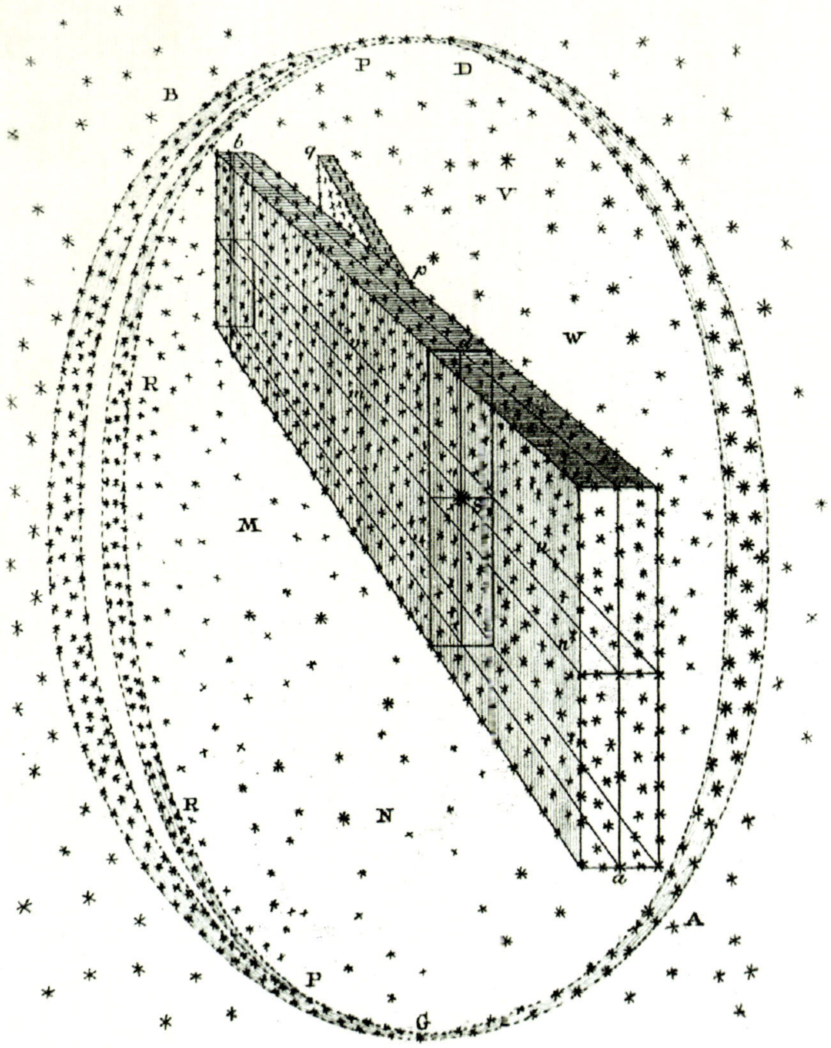

Herschel entdeckte während seiner akribischen Sternenkatalogisierung, dass unsere Milchstraße die Gestalt einer flachen Scheibe besitzen musste. Er konnte sogar die Bewegung unseres Sonnensystems im All messen. Dann, am 13. März 1781, entdeckte Herschel einen neuen Planeten, Uranus – eine kleine, blaugrüne Kugel, die langsam vor dem Hintergrund entfernter Sterne und jenseits der Umlaufbahn Saturns dahinglitt. Auf einen Schlag hatte Herschel die Größe des Sonnensystems verdoppelt. Es dauerte über zweihundert Jahre bis den Astronomen endlich durch die NASA-Raumsonde Voyager 2 erste Nahaufnahmen dieser weit abgelegenen Welt zur Verfügung standen.

LORD ROSSES' LEVIATHAN

Lord Rosses' *Leviathan of Parsonstown*, der zwischen 20 Meter hohen Mauern errichtet wurde und auf einem gigantischen Kugellager ruht, war bei seiner Fertigstellung 1847 das größte Teleskop der Welt und blieb es auch bis zum Bau des 2,50 Meter großen Hooker-Teleskops, 1917, auf dem kalifornischen Mount Wilson. Dieses Teleskop war sowohl vertikal, als auch ein wenig horizontal beweglich, wodurch große Abschnitte des Himmels am südlichen Horizont erfasst werden konnten.

Etwa Mitte der vierziger Jahre baute William Parsons, der wohlhabende dritte Earl of Rosse, auf seinem Landsitz in der fruchtbaren und üppig bewachsenen Zentralebene Irlands, das größte Teleskop des 19. Jahrhunderts, das unter dem Spitznamen „Leviathan of Parsonstown" bekannt ist. Der Metallspiegel allein wog schon 3,5 Tonnen und hatte den gewaltigen Durchmesser von 180 cm; sein 18 Meter langer Tubus war zwischen zwei parallelen Mauern von über 20 Metern Höhe montiert. An mondlosen und sternklaren Nächten schaute der Earl of Rosse durch sein Okular, durchstreifte damit das Universum und starrte gebannt auf die fantastischen Gestalten der fernen Sternennebel und „Inseluniversen".

„Das Teleskop ist zu unserem Forschungsschiff durch das Universum geworden."

DER KREBSNEBEL

Der Krebsnebel erhielt seinen Namen aufgrund der krebsbeinartigen Tentakeln, die man in Lord Rosses Zeichnung (links) gut erkennen kann. Wie in der Abbildung des Paranal-Observatoriums (rechts) sehr schön zu erkennen ist, besteht der Krebsnebel aus einer expandierenden Gaswolke, die von der starken Strahlung eines zentralen Neutronenstern „angeheizt" wird. Dies sind die Überreste einer Supernova-Explosion aus dem Jahr 1054, die den Nebel ursprünglich produzierte.

Er hielt seine Beobachtungen in Zeichnungen und Entwürfen fest, die neue Details einiger der heutzutage bekanntesten astronomischen Objekte aufwiesen. Er studierte z.B. den Orionnebel, von dem man heute weiß, dass er eine der aktivsten Sternenkinderstuben ist, in der stetig neue Sonnen entstehen und den geheimnisvollen Krebsnebel, dem Überrest einer Supernova-Explosion. Lord Rosses Zeichnungen datieren aus einer Epoche vor der Erfindung der astronomischen Fotografie und zeigten der Welt zum allerersten Male die majestätischen Spiralarme der Whirlpool-Galaxie. Heute wissen wir, dass es sich bei diesem nebelartigen Objekt um eine weitere Galaxie handelt, in der sich Wolken aus dunklem Staub und glühendem Gas, Milliarden einzelner Sterne und – wer weiß – vielleicht sogar Planeten wie die Erde ineinander verweben.

Das Teleskop ist zu unserem Forschungsschiff durch das Universum geworden.

DIE WHIRLPOOL-GALAXIE MESSIER 51

Dieses Bild fertigte Lord Rosse mit Hilfe seines gigantischen Reflektors, den so genannten Leviathan, an. Dieses Instrument verhalf ihm dazu, als Erster die Spiralform von etwa fünfzehn Nebeln, darunter auch M51, der Whirlpool-Galaxie zu erkennen. Die Illustration stammt aus seiner wissenschaftlichen Schrift „*Observations on the Nebulae*", die Rosse 1850 veröffentlichte. Lord Rosse nannte die Whirlpool-Galaxie manchmal wegen ihrer auffälligen Erscheinung den „Fragezeichen-Nebel". Seine Zeichnung (rechts) hält dem Vergleich mit der Photographie des Hubble-Weltraumteleskops ohne weiteres stand. Der „Punkt" in diesem „Fragezeichen" ist in Wirklichkeit eine kleine, begleitende Galaxie.

2 JE GRÖSSER DESTO BESSER

DIE KUPPEL DES HALE-TELESKOPS

Die elegante Kuppel des 5-Meter-Hale-Teleskops auf dem Berg Palomar, nordöstlich von San Diego in Kalifornien, wird am frühen Abend geöffnet, damit sich das Teleskop an die Nachttemperatur anpassen kann. Nach seiner Einweihung im Jahre 1948 glaubten Astronomen für lange Zeit, dass es praktisch unmöglich sei noch größere Teleskope zu bauen.

Auf ihrer Suche nach immer schwächer leuchtenden Objekten und detailreicheren Bildern benötigen Astronomen immer größere Teleskope. Wissenschaftlicher Weitblick, technischer Wagemut und persönliches Durchhaltevermögen führten Anfang des zwanzigsten Jahrhunderts zum Bau gigantischer Sternwarten. Ehrfurcht gebietende Instrumente, auf abgelegenen Berggipfeln, unter majestätischen Kuppeln vor äußeren Einflüssen geschützt, haben uns ein expandierendes und sich entwickelndes Universum offenbart. Dieses beherbergt eine unglaubliche Vielfalt an Galaxien und, aufgrund von Kernreaktionen, leuchtenden Sternen, aus deren Bestandteilen wir entstanden sind. Noch vor wenigen Jahrzehnten schien das 5-Meter-Hale-Spiegelteleskop des Palomar-Observatoriums das Nonplusultra auf dem Gebiet der professionellen Teleskopherstellung zu sein. War das wirklich der Fall?

„Wie kann man es verbessern? Denken Sie an Spiegel!“

DER YERKES-REFRAKTOR

Die primäre Linse des Großen Refraktors am Yerkes-Observatorium, die vom amerikanischen Teleskophersteller *Alvan Clark & Sons* geschliffen wurden, besitzt einen Durchmesser von 40 Zoll bzw. 101,6 Zentimetern. Diese Linse wurde 1895 fertig und ist noch immer die größte ihrer Art.

Nachts passen sich unsere Augen an die Dunkelheit an, indem sich die Pupillen weiten, um so mehr Licht einzulassen. Infolgedessen kann man auch halbdunkle Objekte und schwach leuchtende Sterne sehen. Stellen Sie sich vor, Sie hätten Pupillen von einem Meter Durchmesser – dann besäßen Sie ein übermenschliches Sehvermögen und könnten auch Sterne erkennen, die 25.000 Mal schwächer leuchten, als solche, die vom menschlichen Auge gesehen werden können! Hier kommen die Teleskope ins Spiel. Ein Teleskop fungiert als Trichter. Die Linse bzw. der Spiegel sammelt das Sternenlicht über seine gesamte Oberfläche und konzentriert es dann zu einem schmalen Strahl, der auf das Auge trifft. Je größer die Linse bzw. der Spiegel, desto schwächer leuchtende Objekte lassen sich noch nachweisen. Ein weiterer wichtiger Vorteil eines großen Teleskops ist sein höheres Auflösungsvermögen. Mit einer größeren Linse bzw. einem größeren Spiegel kann man auch kleinste Details sehen, wie z.B. die Oberflächenstruktur eines Planeten, die Begleitsterne in einem Mehrfachsternsystem oder die Spiralstruktur eines fernen Galaxiennebels.

Die Größe eines Teleskops ist also ausschlaggebend, und Astronomen sind immer auf der Suche nach noch größeren Instrumenten. Wie groß kann denn ein Teleskop sein? Nicht sehr groß, wenn es sich um einen Refraktor handelt. Das Sternenlicht muss *durch* die Linse passieren können und deshalb kann sie nur am Rand gestützt werden. Wenn die Linse zu groß und zu schwer ist, hängt sie durch. Der Primär- oder Hauptspiegel eines Reflektors dagegen, kann auch von hinten gestützt werden. Deshalb können Spiegel viel größer sein als Linsen. Ein Spiegel hat auch noch einen weiteren Vorteil. Er muss nur eine perfekt reflektierende *Oberfläche* besitzen. Die Linse eines Refraktors muss vollständig makellos sein. Jede kleine Blase oder Unreinheit im Glas verschlechtert das Bild.

Der größte Refraktor der Geschichte wurde 1893 auf der Kolumbus Weltausstellung in Chicago vorgestellt. Vier Jahre danach wurde er in Williams Bay am Yerkes-Observatorium der Chicagoer Universität installiert. Seine Linse, die vom renommierten Optiker Alvan Clark geschliffen wurde, hat knapp über einen Meter Durchmesser, während der Tubus über achtzehn Meter lang ist. Dieses beeindruckende Teleskop wurde zum Studium von Doppelsternen, Sternbahnen und Sternabständen sowie zur Untersuchung der spektroskopischen Eigenschaften des Sternenlichts, die wichtige Hinweise auf den chemischen Aufbau der Sterne liefern, benutzt. Mit dem Yerkes-Refraktor war man allerdings an die Grenzen des technisch Machbaren gelangt. Wie kann man es verbessern? Denken Sie an Spiegel!

„Ein schweres kosmisches Geschütz, bereit zum Angriff auf das Universum."

Gipfelstürmer

Jahrhunderte lang führten Astronomen ihre Beobachtungen vor Ort aus, wo auch immer sie sich zufällig gerade befanden, sei es nun in Padua, in Den Haag, in Bath oder in Parsonstown. Doch in der zweiten Hälfte des 17. Jahrhunderts schlug Isaac Newton vor, dass hochgelegene Berggipfel, aufgrund der vorzufindenden *„ruhigen und klaren Luft"*, eventuell besser für astronomische Beobachtungen geeignet sein könnten.

Es dauerte dann aber noch bis 1856 bis Charles Piazzi Smyth, ein aus Italien stammender Wissenschaftler, der von 1846 bis 1888 als Astronom des Royal Observatory Edinburgh in Schottland diente, beweisen konnte, dass Newton Recht hatte. Smyth besuchte Teneriffa, die größte der Kanarischen Inseln, während seiner Hochzeitsreise und führte dort Testbeobachtungen aus, die ihn von den Vorzügen der Berggipfel als Standorte für Teleskope überzeugten.

Zwanzig Jahre später begann man mit dem Bau des ersten permanenten Observatoriums auf dem Gipfel eines Berges in Kalifornien. Östlich von San Jose gelegen, mit Blick auf das heutige Silicon Valley, wurde das Lick-Observatorium auf dem Gipfel des Mount Hamilton in der Diablo Range, 1284 Meter über dem Meeresspiegel errichtet. Darauf folgten die Gründung der Sternwarten auf dem Mount Wilson (1740 m) und dem Berg Palomar (1713 m) durch George Ellery Hale. Das Kitt Peak-Nationalobservatorium (s. oben, 2096 Meter) entstand 1958 in Arizona.

Derzeit werden alle größeren Sternwarten in großer Höhe gebaut, wo die Luft nicht nur sauberer und stetiger ist, sondern auch lichtdurchlässiger. Die besten Standorte sind Gipfel in Meeresnähe, wo ein gleichmäßiger Luftstrom herrscht. Weitere wichtige Faktoren sind natürlich ein trockenes Klima, ein wolkenloser Himmel und eine geringe Bevölkerungsdichte. Eine der größten hochgelegenen Sternwarten ist das Mauna-Kea-Observatorium auf Hawaii. Hier befinden sich einige der leistungsfähigsten Teleskope der Welt in 4200 m Höhe über dem Meeresspiegel.

Die relativ kleine Sternwarte der Denver Universität, das *Mount Evans Meyer-Womble*-Observatorium in den Rocky Mountains, liegt, bei einer Höhe von 4312 m, sogar noch höher. Ebenso das Indische Astronomische Observatorium bei Hanle, im West-Himalaja nahe der chinesischen Grenze, das sich in 4517 m Höhe befindet. Und in 5000 m Höhe über dem Meeresspiegel, in den chilenischen Anden, auf dem Chajnantor-Hochplateau bauen Europa, Nordamerika und Japan in Zusammenarbeit das *Atacama Large Millimeter Array* (ALMA), das Millimeterwellen aus dem Weltraum auffangen soll, bevor sie vom irdischen Wasserdampf absorbiert werden.

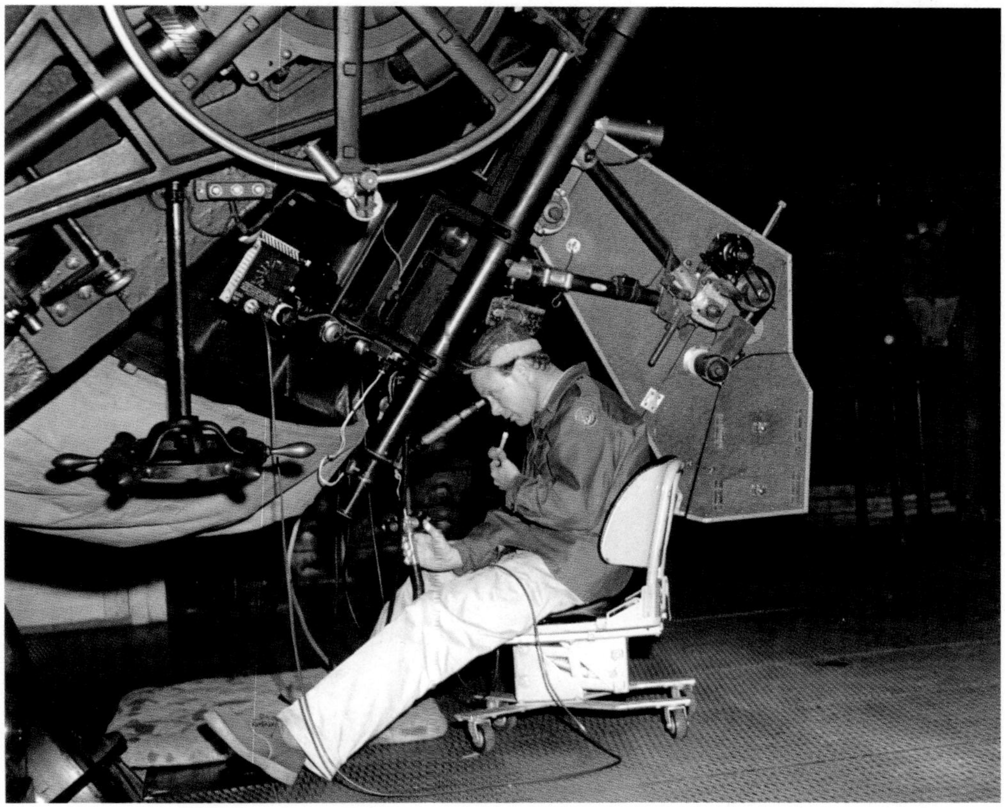

DAS 60-ZOLL-TELESKOP AUF MOUNT WILSON

In dieser Photographie aus dem Jahr 1949, sieht man wie Gene Hancock, der Nachtassistent des Mount-Wilson-Observatoriums Pfeife rauchend die Bewegungen des 60-Zoll (1,52 Meter) großen Teleskops manuell steuert. Heutzutage übernehmen Computer die Nachführung der Teleskope, um die durch die Erdumdrehung verursachte tägliche Bewegung des Sternenhimmels zu kompensieren.

Vor etwa einhundert Jahren, als der Mount Wilson noch ein entfernter Berggipfel inmitten der Wildnis der San Gabriel Mountains, nordöstlich von Los Angeles war, tauchten im Süden Kaliforniens die ersten großen Spiegelteleskope auf. Hier baute der Solarastronom George Ellery Hale, Gründer des Yerkes-Observatoriums, zu Beginn ein 1,50 Meter großes Teleskop. Das war zwar kleiner als Lord Rosses' Leviathan, aber von wesentlich höherer Qualität. Zudem war sein Standort deutlich vorteilhafter: Die Verbindung von 1740 m Höhe mit klarem kalifornischen Himmel sorgte für kristallklare Bilder von unübertrefflicher Detailgenauigkeit.

Dann überzeugte Hale einen lokal ansässigen Geschäftsmann namens John Hooker davon, ein 2,50 Meter großes Instrument zu finanzieren. Tonnen von Glas und genietetem Stahl wurden auf den Mount Wilson befördert. Das Hooker-Teleskop wurde im November 1917 fertig gestellt und sollte für die nächsten dreißig Jahre das größte Teleskop der Welt bleiben. Ein schweres kosmisches Geschütz, bereit zum Angriff auf das Universum.

Es muss für die damaligen Astronomen wunderbar gewesen sein, durch das Okular dieses gigantischen Teleskops zu schauen und dabei zu anderen Planeten zu reisen, durch Sternenhaufen zu schweben und vorbei an flüchtigen Nebeln zu treiben. Doch das menschliche Auge war nicht länger das einzige Instrument zum Einfangen des Lichts ferner Sonnen; Sternenlicht wurde auch mit Hilfe von Fotoplatten, die stundenlang in der Fokalebene des Hooker-Teleskops belichtet wurden, aufgefangen. Feinste Einzelheiten und Strukturen konnten auf diese Weise offenbart werden, die das Auge niemals hätte sehen können. Niemals zuvor war es den Wissenschaftlern gelungen so tief in den unendlichen Raum zu blicken.

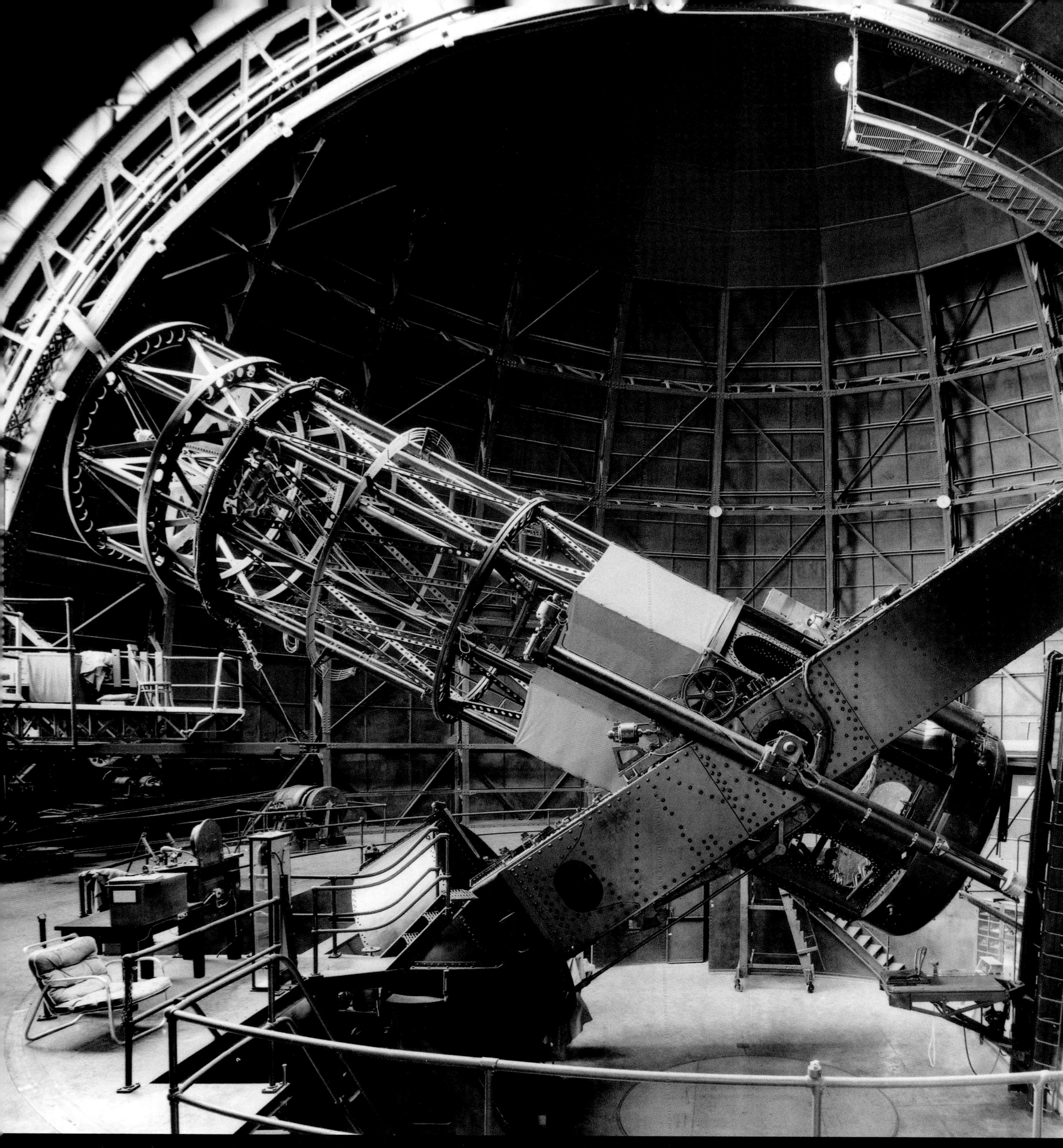

DAS HOOKER-TELESKOP

Dieses schwere „kosmische Geschütz", das 100 Zoll (2,54 Meter) große Hooker-Teleskop auf dem Mount Wilson – benannt zu Ehren des Geschäftsmannes aus Los Angeles, der das Projekt finanzierte – hat nicht nur die wahre extragalaktische Natur der Spiralnebel enthüllt, sondern führte auch zur Entdeckung der Expan- [illegible]

„Mit Hilfe des Hooker-Teleskops konnten Wissenschaftler eine der wichtigsten Entdeckungen des zwanzigsten Jahrhundert machen.“

Spiralnebel schienen von winzigen Sternen nur so zu wimmeln. Handelte es sich bei diesen Nebeln tatsächlich nur um Gasstrudel in unserer Milchstraße wie jeder vermutete, oder könnte es sich vielleicht doch um der Milchstraße ähnliche Galaxien handeln? Diese Frage wurde im April 1920 heftig von Astronomen debattiert, doch konnte sie niemand überzeugend beantworten. Die Bestimmung astronomischer Entfernungen stellte sich als ein schwer zu verwirklichendes Unterfangen heraus. 1923 lösten die vom Hooker-Teleskop aufgenommenen Fotos das Rätsel ein für alle Mal. Edwin Hubble entdeckte im Andromedanebel, einer der größten Spiralgalaxien im Universum, einen Stern, der seine Helligkeit mit der Präzision eines Schweizer Chronometers veränderte. Solch ein Verhalten kannte man bereits von ähnlichen Sternen in der Milchstraße her, deren wahre Luminosität man schon aufgezeichnet hatte. Dieses Wissen versetzte Hubble in die Lage, den Abstand dieses neuen Sterns herzuleiten: fast eine Million Lichtjahre entfernt! Bei den Spiralnebeln handelte es sich also tatsächlich um einzelne Galaxien, die weit außerhalb des Gebiets unserer Milchstraße lagen.

Diese Spiralnebel entfernen sich von unserer Galaxie – das kann man mit einem Spektrographen nachmessen. Ebenso wie der Ton einer Polizeisirene tiefer wird, wenn sich der Peterwagen von uns entfernt, verlängert sich auch die beobachtete Wellenlänge des Sternenlichts, wenn sich die Sterne vom Beobachter entfernen. Zusammen mit Milton Humason – einem ehemaligen Maultiertreiber, Hausmeister und Nachtassistenten des Mount Wilson Observatoriums – studierte Hubble diesen kosmischen Dopplereffekt. Dabei machten die beiden eine verblüffende Entdeckung: Nahe gelegene Galaxien besitzen eine geringere Fluchtgeschwindigkeit, während sich entfernter gelegene Galaxien wesentlich schneller von uns weg bewegen. Im Jahre 1927 zog Hubble daraus die Schlussfolgerung, dass das Universum expandierte. Mit Hilfe des Hooker-Teleskops konnten Wissenschaftler eine der wichtigsten Entdeckungen des zwanzigsten Jahrhundert machen.

Der Vater der großen Teleskope

George Ellery Hale (1868–1938) war eine der Schlüsselfiguren der amerikanischen Astronomie. Er wurde als Sohn eines wohlhabenden Fahrstuhlherstellers in Chicago geboren und war von Hause aus an großen Bauvorhaben interessiert. Während seiner Studienzeit am *Massachusetts Institute of Technology* im nordamerikanischen Boston, erfand er den Spektroheliographen, zur Untersuchung des Sonnenlichts. Obwohl Hale grundsätzlich auf Solarastronomie spezialisiert war, gilt er heute allgemein als der Vater der großen amerikanischen Teleskope. Durch seine Anstrengungen und erfolgreichen Bemühungen um finanzielle Unterstützung gelang es ihm, das Yerkes-Observatorium sowie die Sternwarten von Mount Wilson und Palomar zu gründen. Hale litt aber auch unter Depressionen und musste deswegen 1923 seinen Direktorposten am Mount-Wilson-Observatorium aufgeben.

„Das Leben ist ein Wunder in einem sich unaufhörlich entwickelnden Universum."

Dem Teleskop ist es zu verdanken, dass wir die Geschichte des Kosmos rekonstruieren konnten. Unser Universum war nicht immer da. Es entstand vor etwa vierzehn Milliarden Jahren in Folge einer extrem dichten und heißen Phase, dem Urknall – einer gewaltigen Explosion, in der Zeit und Raum, Materie und Energie geschaffen wurden. Winzige Quantenwellen erzeugten in der Ursuppe dichte Klumpen, wobei diese durch ihre Anziehungskraft immer mehr Materie an sich zogen. Diese verdichteten Strukturen drängten sich zu kompletten Galaxien, in einer erstaunlichen Variation von Größen und Formen, zusammen. Kleine Galaxien kollidierten miteinander und verschmolzen zu größeren Galaxien, in denen sich immer neue Sterne wie ein Lauffeuer bildeten und verbreiteten. Entgegen der Expansion des Raums wirkte die Gravitation und zog Galaxien allmählich zu kompakte Haufen und faserartige Superhaufen zusammen, die zu den gegenwärtigen großräumigen Strukturen im Universum führten.

HALE-TELESKOP-AUFNAHME DES ORIONNEBELS

Mit nur 1500 Lichtjahren Entfernung von der Erde ist der Orionnebel das uns am nächsten liegende Sternentstehungsgebiet. Mit optischen Teleskopen kann man nicht durch die dichten Staubwolken zu den verborgenen Sternenwiegen vordringen, aber auf dieser Nahinfrarot-Aufnahme der *Wide-field Infra-Red Camera* (WIRC) am Hale-Teleskop auf dem Palomar kann man sie klar erkennen. Neue Detektoren, wie die WIRC, haben die Lebensdauer des altehrwürdigen Teleskops noch ein weiteres Mal verlängert.

Das Universum entstand zwar aus einer einfachen Mischung von Wasserstoff und Helium, den zwei leichtesten Elementen, doch durch Kernfusion in den Sternen entstanden neue Atome, unter ihnen Kohle, Sauerstoff, Eisen und Gold. Sanfte Sternenwinde und zerstörerische Supernova-Explosionen trieben diese schweren Elemente als Rohstoffe für die Bildung neuer Sterne und Planeten zurück in den Raum. Und eines Tages, irgendwo und irgendwie entwickelten sich einfache organische Moleküle zu lebenden Organismen. Das Leben ist ein Wunder in einem sich unaufhörlich entwickelnden Universum. Das Kalzium in unseren Knochen, das Eisen in unserem Blut und der Sauerstoff, den wir atmen, sind in den Atommeilern unserer Sonnen entstanden. Wir sind Sternenstaub.

DER NORDAMERIKANEBEL

Der Nordamerikanebel (links) und der Pelikannebel (rechts), die ihre Namen ihrer Form verdanken, sind gewaltige Wolken aus glühendem Gas im Sternbild des Schwans (lat. Cygnus). Dieses Bild ist eine Zusammenstellung aus schwarz-weißen Fotoplatten und wurde mit dem Oschin-Schmidt-Teleskop des Palomar-Observatoriums, als Teil der *National Geographic Palomar Observatory Sky Survey* aufgenommen. Die Originalbilder wurden auf zwei Fotoplatten archiviert – die eine rot- und die andere blauempfindlich – die inzwischen auch in elektronischer Form vorliegen. Insgesamt benutzte der italienische Hobby-Astronom Davide De Martin für die Fertigstellung dieser farbigen Abbildung, mit Hilfe des ESA/ESO/NASA *Photoshop FITS Liberator*, 62 Einzelaufnahmen.

GEORGE ELLERY HALE

In dieser undatierten Photographie betrachtet George Ellery Hale ein strahlend leuchtendes Bild der Sonne, das von einem der Sonnenteleskope des Mount-Wilson-Observatoriums projiziert wird. Hale hat nicht nur wesentlich zur wissenschaftlichen Sonnenastronomie beigetragen, sondern außerdem, Anfang des zwanzigsten Jahrhunderts, nicht unbeträchtliche finanzielle Mittel für die größten Teleskope der Welt beschafft.

Soweit ein sehr grober Überblick über die Geschichte des Universums, die uns im Laufe des vergangenen Jahrhunderts durch Beobachtungen mit dem Teleskop offenbart wurde. Ohne das Teleskop würden wir heute nur sechs Planeten, einen Mond und ein paar tausend Sterne kennen. Die Astronomie würde noch immer an ihrem Stand einiger, bereits vor tausend Jahren gemachter, einfacher Beobachtungen verharren.

> *„Wie vergrabene Schätze lockten die Außenposten des Universums den Abenteuerlustigen schon von jeher",*

schrieb George Ellery Hale.

> *„Fürsten und Potentaten, ob als Politiker oder als Industrielle, ebenso wie Gelehrte, sie alle haben gleichermaßen den Reiz der unerforschten Ozeane des Weltraums verspürt und durch die Bereitstellung von Instrumenten das Forschungsgebiet schnell erweitert."*

DER FLAMMENNEBEL

In der Nähe des Sterns Alnitak, ganz links im Oriongürtel, befindet sich das Sternentstehungsgebiet des Flammennebels. Tief im staubigen Nebel verbirgt sich ein neu entstandener „Baby"-Sternhaufen, den diese dramatische Nahinfrarot-Aufnahme zeigt. Die Aufnahme entstand mit Hilfe der *Wide-field Infra-Red Camera* des Hale-Teleskops. Der Flammenebel befindet sich ungefähr 1500 Lichtjahre von der Erde entfernt.

„Hale hatte einen letzten Wunsch: ein Teleskop zu bauen, das doppelt so groß sein sollte wie der damalige Rekordhalter."

Was die Instrumente betrifft, so hatte Hale nur einen letzten Wunsch: ein Teleskop zu bauen, das doppelt so groß sein sollte wie der damalige Rekordhalter. Die Rockefeller-Stiftung bewilligte ihm einen Zuschuss von sechs Millionen Dollar und er konnte damit beginnen, einen neuen Standort auf dem Berg Palomar, weit ab von der ständig zunehmenden Lichtverschmutzung durch die Millionenstadt Los Angeles auszusuchen. Heraus kam die große alte Dame der Astronomie des zwanzigsten Jahrhundert: das fünf Meter große Hale-Teleskop, das von dem kürzlich gegründeten *California Institute of Technology*, kurz Caltech, geleitet wurde. Das aus über fünfhundert Tonnen beweglicher Teile bestehende Teleskop ist so präzise ausbalanciert, dass es sich so graziös wie eine Ballerina bewegt. Sein vierzig Tonnen schwerer Spiegel, der aus einer neuartigen Glasmischung namens Pyrex von der amerikanischen Firma *Corning Glass Works* in New York hergestellt und per Eisenbahn nach Kalifornien gebracht wurde, bringt Sterne zum Vorschein, die vierzig Millionen Mal schwächer leuchten als die schwächsten Sterne, die das menschliche Auge noch zu sehen vermag.

Das Hale-Teleskop, das 1948, also zehn Jahre nach Hales Tod, fertig gestellt wurde, hat uns unübertreffliche Ansichten von Planeten, Sternenhaufen, Nebel und Galaxien geschenkt. Es gewann historische Fotografien des Giganten Jupiter mit seinen vielen Monden und von den Ringen des Saturns. Es offenbarte uns die Schönheit der Plejaden und der schwach leuchtenden Gaswolken im Orionnebel. Es hat uns neue Details über so berühmte Galaxien wie Andromeda, die Whirlpool-Galaxie und die Spiralgalaxie Messier 101 offenbart, die zuvor noch keiner gesehen hatte.

DAS HALE-TELESKOP
Eine solide Äquatorialmontierung mit einer auf den Himmelsnordpol gerichteten Rotationsachse stützt das 200 Zoll große (5,08 Meter) Hale-Teleskop auf Mount Palomar, das in dieser Fisheye-Aufnahme direkt in den Himmel zeigt. Der gigantische Hauptspiegel befindet sich am unteren Ende des Teleskoptubus. Er reflektiert das Sternenlicht zu der oben liegenden Kabine des Betrachters. Ein Sekundärspiegel kann das Licht auch durch ein zentrales Loch im Primärspiegel zu den Detektoren am hinteren Ende des Teleskops reflektieren.

Noch ein großer Refraktor

Die Linse des „Großen Refraktors" am Yerkes-Observatorium hat einen Durchmesser von 40 Zoll bzw. 101,6 Zentimetern. Es ist noch immer der größte Refraktor in der Geschichte, doch ein neues Instrument auf der Kanarischen Insel La Palma kommt ihm sehr nahe. Dort, in etwa 2400 m Höhe über dem Meeresspiegel, am Rande eines vulkanischen Kraters betreibt die Schwedische Akademie der Wissenschaften das *Swedish Solar Telescope*, kurz SST genannt. Seit seiner Fertigstellung im Jahre 2002 ist es das beste Sonnenteleskop der Welt. Im Teleskoptubus wurde ein Vakuum hergestellt und die Hauptlinse dient als versiegelnder Deckel, um Bildstörungen durch Luftturbulenzen zu vermeiden. Das SST ist regelmäßig in der Lage, die Oberfläche der Sonne mit einer Auflösung von 70 Kilometern abzubilden.

DAS BOLSHOI TELESKOP AZIMUTALNYI

Diese gigantische Kuppel in 2070 Metern Höhe über dem Meeresspiegel, in der Nähe von Selentschukskaja im Nordkaukasus, beherbert das *Bolshoi Teleskop Azimutalnyi* (BTA). Das 1976 fertig gestellte Große Azimutalteleskop trägt einen sechs Meter großen Primärspiegel zur Schau und brach damit den damaligen Größenrekord des Hale-Teleskops auf dem Berg Palomar. Leider konnte das BTA nie die in es gesetzten Erwartungen erfüllen.

War dieser Standard denn noch zu übertreffen? Sowjetische Astronomen versuchten es Ende der siebziger Jahre. Hoch oben im Kaukasus, in der Nähe von Selentschukskaja, bauten sie ihr *Bolshoi Teleskop Azimutalnyi* (BTA, das Große Azimutalteleskop) mit einem Primärspiegel von sechs Metern Durchmesser. Leider konnte es die erhofften Ergebnisse nie liefern. Es schien, als ob die Teleskopbauer wieder einmal an die Grenzen des technisch Machbaren gelangt wären. Aus der Traum vom Bau immer größerer Instrumente.

War die Geschichte des Teleskops hiermit vorzeitig beendet? Selbstverständlich nicht. Heutzutage sind acht und zehn Meter große Teleskope in Betrieb und noch größere werden schon wieder am Reißbrett entworfen. Die Lösung? Neue Technologien.

Das große Geld

Viele große amerikanische Teleskope wurden durch die großzügigen Spenden von Industriellen und von privaten Wohltätern erst möglich. Charles Yerkes, ein Geschäftsmann aus Chicago, spendete Geld für das nach ihm benannte Observatorium, John D. Hooker zahlte für das 2,50 m große Mount-Wilson-Teleskop, und die Rockefeller-Stiftung ermöglichte, mit ihrem finanziellen Beitrag, den Bau des 5-m-Teleskops auf dem Berg Palomar. Später finanzierte der Öl-Tycoon William Keck das 10-m-große Keck-Teleskop auf dem Mauna Kea, Hawaii. Microsoft-Mitbegründer Paul Allen stellte Geld für den Bau eines großen Verbunds an Radioteleskopen zur Verfügung und Intel-Vorsitzender Gordon Moore hat Geld für die Entwurfsstudien für das zukünftige 30-Meter-Teleskop beigesteuert.

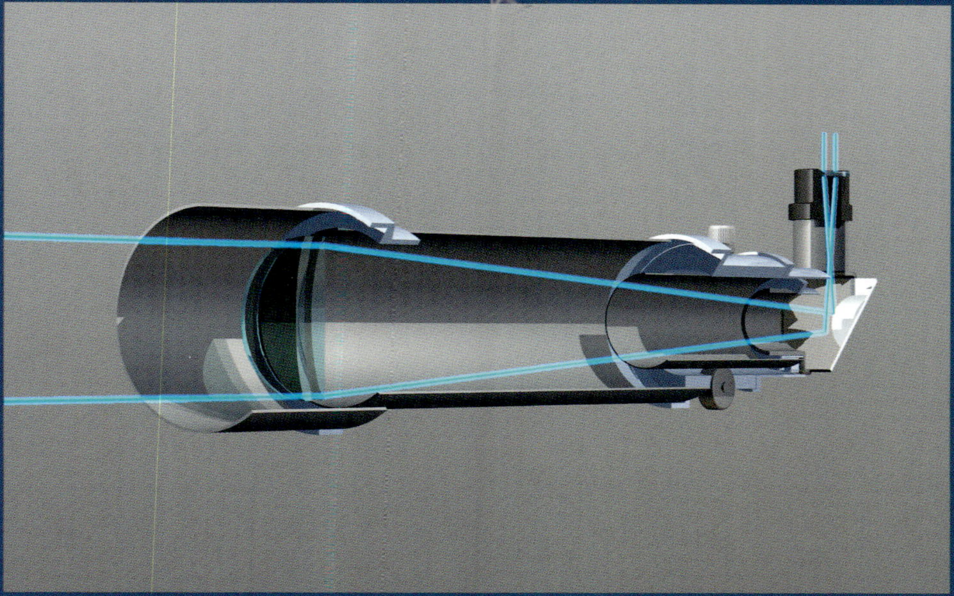

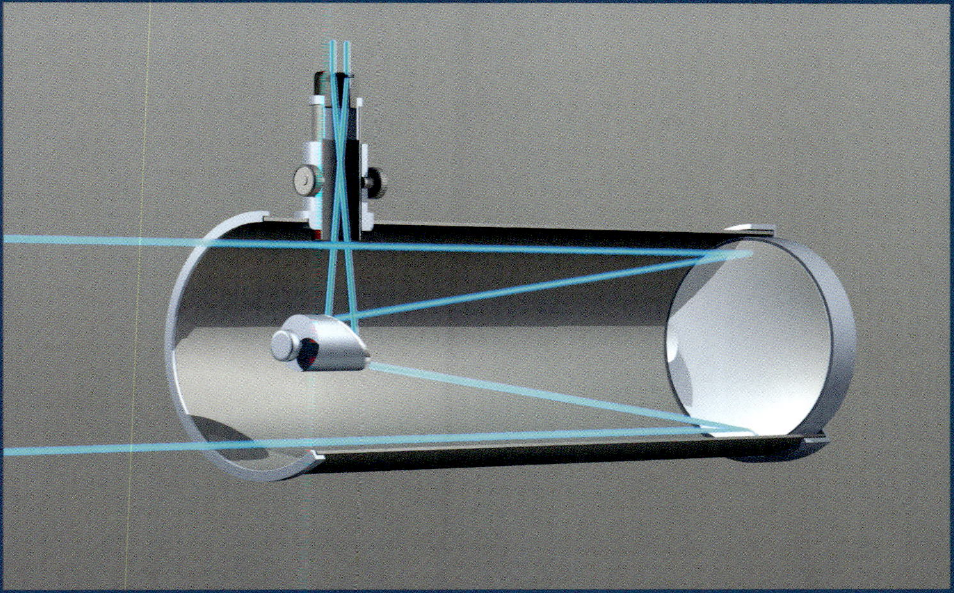

Die zwei Teleskoparten

Die ersten Fernrohre besaßen noch Linsen – eine Objektlinse (Objektiv) und eine oder mehrere Augenlinsen (Okular) – und wurden „Linsenfernrohre“ oder „Refraktoren“ genannt. Der oben abgebildete Refraktor besitzt ein in der Hobby-Astronomie häufig benutztes modernes Design. Die Refraktoren waren bis Anfang des 20. Jahrhunderts weit verbreitet, wurden aber zu unhandlich sobald die Linsengröße einen Meter übertraf. Größere Teleskope besitzen Spiegel – zwei und mehr – und werden „Spiegelteleskope“ oder „Reflektoren“ genannt. Die untere Abbildung zeigt ein Newtonsches Reflektormodell, das bei Hobby-Astronomen, die ihre Teleskope selbst bauen, sehr beliebt ist. Heutzutage sind beinahe alle großen wissenschaftlichen astronomischen Teleskope Reflektoren, da ihre Herstellung, auch für hohe Ansprüche, einfacher ist und man einen großen Spiegel leichter stützen kann als eine Linse. Ein Spiegel kann von hinten gestützt werden und lässt sich leichter nachführen.

DAS 3,50-METER-GROSSE CALAR-ALTO-TELESKOP

Das hier abgebildete 3,50 Meter große Teleskop gehört zum Calar-Alto-Observatorium in der Sierra de los Filabres, in Andalusien, Südspanien. Dieses Observatorium entstand ursprünglich in den siebziger Jahren, in einer Höhe von 2168 Metern, um in einem deutsch-spanischen Gemeinschaftsprojekt Astronomen beider Länder Zugang zu modernen Beobachtungseinrichtungen auf der Nordhalbkugel zu bieten. Diese Art von 4 Meter großen Instrumenten auf Äquatorialmontierungen war in den siebziger Jahren das modernste der bezahlbaren Teleskope.

AUSSENANSICHT DES WIYN-TELESKOPS

Das WIYN-Teleskop mit seinem 3,50 Meter großen Hauptspiegel, ist nach dem 4 Meter großen Mayall-Teleskop das zweitgrößte Teleskop im *Kitt Peak National Observatory* in Arizona. Es wurde 1994 fertig gestellt und wird von einem Konsortium der Universität von Wisconsin, der Universität von Indiana, der Yale-Universität und dem *National Optical Astronomy Observatory* (NOAO) betrieben. Das Teleskop, in das viele neue Technologien integriert wurden, gilt als eines der leistungsstärksten seiner Kategorie.

3 RETTUNG DURCH NEUE TECHNOLOGIEN

DAS NEW TECHNOLOGY TELESCOPE DER ESO

Das achteckige Gebäude, welches das *New Technology Telescope* (NTT) der Europäischen Südsternwarte (ESO) in Cerro La Silla im Norden Chiles umgibt, stellte bei Fertigstellung 1989 einen technologischen Durchbruch dar. Die Teleskop-Kammer wird von einem Klappensystem belüftet, das die Luft sanft über den Spiegel wehen lässt. Dadurch werden seine Aufnahmen besonders scharf. Am NTT wurden auch zum ersten Mal eine rein computergesteuerte altazimutale Montierung, dünne Spiegel und aktive Optik zum Einsatz gebracht.

Ab der Mitte des zwanzigsten Jahrhunderts war es sehr schwierig geworden die Leistungsfähigkeit astronomischer Teleskope noch weiter zu steigern, hätte es nicht die digitale Revolution gegeben. Leistungsfähige Prozessoren stellten neue Technologien in gewaltigem Umfang zur Verfügung. Erst dadurch wurde der Bau gigantischer moderner Teleskope möglich, die teilweise mit großen einzelnen Spiegeln und teilweise mit vielen kleinen Spiegelfacetten ausgestattet und dann auf Berggipfeln errichtet wurden. Die Astronomen haben sogar raffinierte Methoden entwickelt, um die Verzerrung durch atmosphärische Turbulenzen zu überwinden und sind nun in der Lage, einzelne Spiegelteleskope zu gewaltigen Teleskopkolossen, mit unübertroffenem Abbildungsvermögen, miteinander zu verbinden. Die optischen Hexenkünste im Teleskopbau des 21. Jahrhunderts haben eine vollkommen neue Ära der Entdeckungen durch bodengebundene Teleskope eingeläutet.

„Die heutigen Teleskope haben sich, ebenso wie die Automobile, weiterentwickelt und unterscheiden sich deutlich von ihren Vorgängern."

BLICK VOM NEW TECHNOLOGY TELESKOP IN EIN STERNENTSTEHUNGS-GEBIET

Der Omeganebel, ein gigantisches Sternentstehungsgebiet, gibt sein staubumhülltes Geheimnis dem *New Technology Telescope* der ESO, im Nahinfrarotbereich preis. Der 5000 Lichtjahre entfernte Omeganebel im Sternbild des Schützen (Sagittarius), enthält zahlreiche junge Sterne, die von optischen Teleskopen aufgrund des verdunkelnden Nebels nicht gesehen werden können. Im Nahinfrarotbereich jedoch, wird der größte Teil des Staubs transparent.

Die heutigen Teleskope haben sich, ebenso wie die Automobile, weiterentwickelt und unterscheiden sich deutlich von ihren Vorgängern, wie, z.B. dem 5-Meter-Hale-Teleskop. Am auffallendsten dabei sind die wesentlich kompakteren Montierungen. Die Montierung ist das Gestell das den Teleskoptubus trägt. Astronomen müssen in der Lage sein, das Teleskop auf jeden beliebigen Punkt ausrichten zu können. Deshalb besteht die Montierung aus zwei rechtwinklig zueinander stehenden Achsen. Durch das gleichmäßige Drehen um diese zwei Achsen, kann man das Teleskop auf jeden beliebigen Punkt am Himmel richten. Um jedoch das Objekt im Okular behalten zu können, muss das Teleskop stetig nachgeführt werden. Die tägliche Drehung der Erde hat zur Folge, dass nicht nur die Sonne, sondern auch die Sterne im Osten aufgehen und im Westen untergehen. Ein Teleskop muss daher in der Lage sein, dieser scheinbaren täglichen Bewegung der Sterne folgen zu können, um das beobachtete Objekt im Gesichtsfeld zu behalten.

Die Teleskopnachführung wird erleichtert, wenn man eine der beiden Achsen der Teleskopmontierung auf den Polarstern, um den alle anderen Sterne zu rotieren scheinen, ausrichtet. Das Teleskop muss dann, um die Sterne im Gesichtsfeld zu behalten, gleichmäßig in derselben Geschwindigkeit wie die Sterne um diese Polarachse rotieren. Diese so genannte äquatoriale Montierung wurde für die großen Teleskope am Anfang des zwanzigsten Jahrhundert verwendet; der Nachteil dabei ist, dass solche Montierungen enorm viel Spielraum benötigen und sehr massiv sein müssen.

Wohingegen azimutale Montierungen, mit einer vertikalen und einer horizontalen Achse, sehr viel kompakter ausfallen dürfen. In diesem Fall ist die Montierung sehr viel einfacher und der einer Kanone ähnlich. Man stellt einfach die Richtung und die Höhe ein – schon kann es losgehen. Doch die exakte Nachführung der Himmelsbewegung ist wesentlich schwieriger. Das Teleskop muss dabei gleichzeitig mit unterschiedlichen Geschwindigkeiten um beide Achsen rotieren, was eine präzise Steuerung über einen Computer erfordert – diese gibt es aber erst seit den siebziger Jahren.

Die großen Teleskope verfügen heutzutage alle über azimutale Montierungen mit Computersteuerung. Sie sind preisgünstiger in der Herstellung und passen in kleinere Observationskuppeln, was einen weiteren Kostenpunkt darstellt. Diese Art von Montierung wurde, zum Beispiel, auch für die Keck-Teleskope auf Hawaii verwendet. Ihre beiden Hauptspiegel von 10 Metern Durchmesser können das Vierfache an Licht einfangen wie das Hale-Teleskop, und trotzdem sind die Kuppeln der Keck-Teleskope kleiner als die auf dem Berg Palomar.

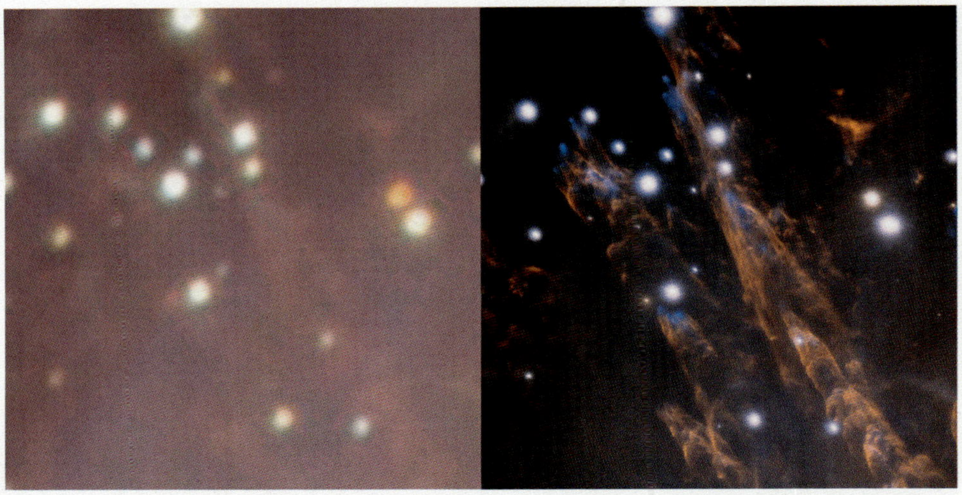

Wie man den Sternen das Funkeln austreibt

Adaptive Optik klingt nach Zauberei. Das Sternenlicht reist ungehindert für hunderttausende von Jahren durch die Tiefen des Weltraums zu uns. Doch kurz bevor das Licht ein bodengebundenes Teleskop erreicht, werden die Lichtwellen durch die unterste Erdatmosphäre verzerrt, was das Funkeln der Sterne erzeugt und zu unscharfen Bilder führt (s. links). Dadurch können selbst die größten Teleskope der Welt keine schärferen Bilder als ein mittelgroßes Amateur-Teleskop erzeugen. Wie ist es dann aber möglich, dass Astronomen keine verschwommenen sondern gestochen scharfe Bilder erhalten?

Der Trick dabei ist der, einen relativ hellen Stern im Gesichtsfeld auszuwählen und mit seiner Hilfe eine so genannte Wellenfrontkorrektur durchzuführen. Im Weltraum ist die Wellenfront absolut flach, doch in der Erdatmosphäre muss sie Luft unterschiedlicher Dichte durchqueren, so dass manche Wellenberge das Teleskop ein wenig früher erreichen als andere, und dadurch entsteht eine Wellenfrontstörung. Wenn man nun die tatsächliche Form der Wellenfront kennt, indem man einen Richtstern zu Hilfe nimmt, kann man nach entsprechenden Messungen das Bild einfach mit einem flexiblen Spiegel korrigieren. Winzige, Wärme erzeugende Kristalle auf der Rückseite dieses „Gummispiegels" können die Form des Spiegels an die atmosphärischen Verzerrungen anpassen und dabei die flache Wellenfront wieder herstellen (s. rechts).

Der Gummispiegel ist in der Nähe der Fokalebene des Teleskops platziert, wo das Sternenlicht zusammenfließt, und daher kann der Spiegel relativ klein ausfallen – wenige Zehntel Zentimeter im Durchmesser reichen aus. Trotzdem ist adaptive Optik eine hoch komplizierte Angelegenheit, da die Atmosphäre ständig in Bewegung ist. Der gesamte Kreislauf des Messens der Wellenfront eines Richtsterns, des Berechnens notwendiger Korrekturen und präzisen Anpassens des flexiblen Spiegels muss einhundert Mal in der Sekunde wiederholt werden!

Ein weiterer Nachteil ist es, dass adaptive Optik einen relativ hellen Richtstern in der Nähe des beobachteten Objekts im Gesichtsfeld voraussetzt. Diese natürlichen Richtsterne sind relativ selten und daher verwenden die Astronomen künstliche, indem sie einen Laserstrahl auf den gewünschten Punkt am Himmel richten. Das Licht des Lasers stimuliert Natriumatome in der oberen Schicht der Atmosphäre dazu, eine Wellenfront zu generieren, die dann zur Korrektur der atmosphärischen Störungen benutzt wird.

EIN SPIEGEL DES VLT

In dieser Abbildung ist der auf Hochglanz polierte vierte Spiegel des *Very Large Telescope* der Europäischen Südsternwarte zu sehen. Er hatte gerade im Dezember 1999, auf dem Gelände der Firma REOSC in Saint Pierre du Perray, südlich von Paris, seinen letzten Schliff erhalten. Der konvexe Spiegel besitzt einen Durchmesser von 8,20 Meter, ist dabei aber nur 20 Zentimeter dick.

„ *Auf Optik spezialisierte Ingenieure benutzen riesige Rotationsöfen, um damit konvexe Spiegelschalenrohlinge zu gießen, die einen Durchmesser von mehreren Metern aber eine Dicke von weniger als zwanzig Zentimetern aufweisen können.*"

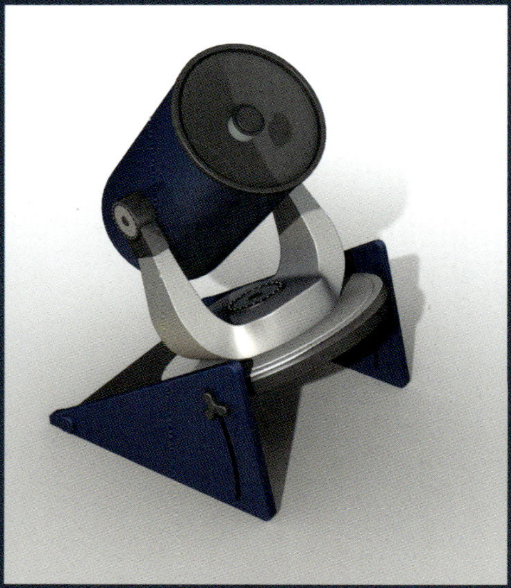

Teleskopmontierungen

Die Entwicklung neuer Teleskopmontierungen in der zweiten Hälfte des 20. Jahrhunderts, stellt einen der großen technologischen Fortschritte in der Teleskop-Herstellung dar. Die altmodische äquatoriale Montierung (links), auch „parallaktische Montierung" genannt, lässt sich nur um eine Achse bewegen, die exakt parallel zur Erdachse ausgerichtet ist. Auf diese Weise kann der Astronom den beobachteten Stern leicht im Gesichtsfeld behalten. Das Teleskop muss dem Beobachtungsobjekt am Nachthimmel nur gleichmäßig und langsam folgen. Bei der azimutalen (auch: altazimutalen) Montierung dagegen (rechts), bewegt sich das Teleskop um zwei rechtwinklig zueinander stehende Achsen, eine horizontal, die andere vertikal. Auch wenn diese Montierungen wesentlich kleiner und einfacher herzustellen sind, ist ihre Handhabung schwieriger: Man muss das Teleskop nämlich zur Nachführung, gleichzeitig und mit unterschiedlichen Geschwindigkeiten, um die horizontale und vertikale Achse bewegen. Azimutale Montierungen verbreiteten sich erst in den siebziger Jahren, mit Einführung der Computer, was schnell zu dem Bau schmalerer Instrumente, kleinerer Kuppeln und einer entsprechend besseren Bildqualität führte.

„Kathedralen der Wissenschaft, allein der Beobachtung des Himmels gewidmet.“

Auch die Spiegel der Teleskope wurden weiter entwickelt. Benötigte man vormals dicke und schwere Linsen, so benutzt man heutzutage nur noch dünne und leichte Linsen. Auf Optik spezialisierte Ingenieure benutzen riesige Rotationsöfen, um damit konvexe Spiegelschalenrohlinge zu gießen, die einen Durchmesser von mehreren Metern aber eine Dicke von weniger als zwanzig Zentimeter aufweisen können. Eine ausgeklügelte Stützkonstruktion verhindert, dass der dünne Spiegel unter seinem eigenen Gewicht zerbricht. Computergesteuerte Kolben und Aktoren sorgen dafür, dass der Spiegel seine optimale Form beibehält. Diese Technik, bei der das Teleskop kontinuierlich fein justiert wird, um die Auflösung zu optimieren, heißt „Aktive Optik“. Man versucht auf diese Weise, leichte Abweichungen von der optimalen Form aufgrund von Verbiegung, Windlast oder Temperaturänderungen zu kompensieren.

Ein Teleskop mit einem dünnen Spiegel ist leichter. Die gesamte Struktur, einschließlich der Montierung wird dadurch schlanker und billiger. Europäische Astronomen ließen Ende der achtziger Jahre das 3,60 m-große New Technology-Teleskop, auf dem nordchilenischen Berg La Silla, als Testobjekt für diese neue Technologie bauen. Selbst das Gebäude hatte nichts mehr mit der herkömmlichen Teleskop-Kuppel gemein – es sah mehr nach einem gigantischen Getreidesilo aus – aber das New Technology-Teleskop funktionierte einwandfrei. Die Wissenschaftler waren nun davon überzeugt, auch die Sechs-Meter-Barriere überwinden zu können.

Das Mauna-Kea-Observatorium befindet sich an dem höchsten Punkt im Pazifik: auf dem Gipfel eines ruhenden Vulkans, 4200 Meter über dem Meeresspiegel. Während Touristen an den Stränden von Hawaii Sonnenbaden oder Wellenreiten, setzen sich die Astronomen bei ihrer Suche nach neuen Erkenntnissen über das Universum eisigen Temperaturen und der Gefahr durch Höhenkrankheit aus. Die beiden kalifornischen Keck-Teleskope auf Mauna Kea gehören zu den größten Teleskopen der Welt. Ihre Hauptspiegel haben die unglaubliche Größe von zehn Metern Durchmesser und sind nur hauchdünn. Sie bestehen aber nicht aus einem großen Stück Glas sondern sind aus sechsunddreißig hexagonalen Segmenten, wie Bodenfliesen in einem Badezimmer zusammengesetzt worden, die einzeln mit Nanometer-Präzision gesteuert werden. Kathedralen der Wissenschaft, allein der Beobachtung des Himmels gewidmet.

„Das größte astronomische Instrument, das je gebaut wurde, ist das europäische Very Large Telescope."

BLICK AUF DIE SPIEGELKAMMER DES VLT VON HINTEN

Die Spiegelstützstruktur von Kueyen, dem zweiten der vier identischen 8,20 Meter großen Teleskope, die zusammen ESOs *Very Large Telescope* auf dem nordchilenischen Cerro Paranal bilden, sieht von hinten wie eine riesige Metallspinne aus. Die imposante Spiegelkammer, die mit computergesteuerten Kolben ausgestattet ist, hält den dünnen Spiegel immer perfekt in Form, unabhängig von der Gravitation, Temperaturschwankungen und Windlast.

Anhand der Keck-Teleskope wurde die Leistungsfähigkeit von segmentierten Spiegeln zum ersten Mal unter Beweis gestellt, doch weitere folgten ihrem Beispiel. Auf der Kanareninsel La Palma haben spanische Astronomen erst kürzlich den Bau des *Gran Telescopio Canarias* (GRANTECAN) abgeschlossen. Das in einer Höhe von 2400 Metern als Teil des Roque de los Muchachos-Observatoriums errichtete GRANTECAN ist tatsächlich etwas größer als das Keck-Observatorium und mit Spiegeln von 10,40 Metern Durchmesser das größte optische Teleskop der Welt – zumindest im Moment.

Bei Nacht sammeln die beiden Keck-Teleskope auf Mauna Kea Photonen aus den Tiefen des Kosmos auf – ihre Spiegel sind größer als alle vorherigen Teleskope zusammengenommen. Was werden sie heute Nacht einfangen? Vielleicht zwei kollidierende Galaxien, die sich Milliarden Lichtjahre von uns entfernt befinden? Oder einen sterbenden Stern, der seinen letzten Atemhauch als bunten planetarischen Nebel von sich gibt? Womöglich einen Exoplaneten der fremdes Leben in sich birgt?

Das größte astronomische Instrument, das je gebaut wurde, ist das europäische *Very Large Telescope* (VLT): Es befindet sich auf dem Cerro Paranal, einem Berg von 2635 Metern Höhe, in der chilenischen Atacamawüste – dem trockensten Ort auf Erden. Das VLT, das von der Europäischen Südsternwarte (ESO) betrieben wird, ist in Wirklichkeit ein aus vier Einzelteleskopen bestehendes Großteleskop. Jeder einzelne Hauptspiegel hat einen Durchmesser von 8,20 m. Jede Teleskopeinheit trägt ihren eigenen Namen: Antu, Kueyen, Melipal und Yepun – Bezeichnungen für die Sonne, den Mond, das Kreuz des Südens bzw. die Venus in der Sprache der Mapuche-Indianer. Die gewaltigen Spiegel wurden in Deutschland gegossen, in Frankreich poliert, nach Chile verschifft und dann langsam durch die Wüste bis an ihren jetzigen Standort transportiert.

Aluminiumbeschichtung für Teleskop-Spiegel

Die meisten Teleskop-Spiegel bestehen aus Glaskeramik. Doch egal wie präzise ein Spiegel auch gegossen, geschliffen und poliert wurde, er benötigt immer auch einen dünnen reflektierenden Aluminiumfilm, der regelmäßig erneuert werden muss. Alle paar Jahre muss so ein Teleskop-Spiegel in einem riesigen Vakuumbehälter neu beschichtet werden, da die Spiegel im Verlauf der Zeit ermatten. Auf dem Cerro Paranal in Chile, Sitz des europäischen *Very Large Telescope*, wurde eigens für diesen Zweck eine besondere Beschichtungsanlage gebaut. Einfacher ist diese Aufgabe an den Keck-Teleskopen auf der Insel Mauna Kea zu bewältigen, da sich die 36 Spiegelfacetten einzeln bearbeiten lassen.

„Nirgendwo ist man dem Universum
so nah wie hier im Paranal-Observatorium.“

„Bei Sonnenuntergang öffnen sich die Teleskop-Kuppeln, das Sternenlicht fällt auf die Spiegel des VLT und wieder werden neue Entdeckungen gemacht."

Nirgendwo ist man dem Universum so nah wie hier im Paranal-Observatorium. Die felsübersäte Wüste erinnert auf unheimliche Weise an die Oberfläche des Mars. ESOs *Residencia*, die Unterkunft, in der die Gastwissenschaftler essen, schlafen und sich erholen können, ähnelt einem luxuriösen, futuristischen Raumschiff. Bei Nacht spannt das Sternenbanner der Milchstraße einen Bogen über den Himmel und der Kosmos scheint zum Greifen nah. Bei Sonnenuntergang öffnen sich die Teleskop-Kuppeln, das Sternenlicht fällt auf die Spiegel des VLT und wieder werden neue Entdeckungen gemacht. Manchmal durchbricht ein Laserstrahl den Nachthimmel und erschafft so einen künstlichen Stern am Himmel. Empfindliche Wellenfrontsensoren messen das Ausmaß der Verfälschung eines abgebildeten Sterns durch atmosphärische Turbulenzen. Schnelle Rechner und flexible Spiegel korrigieren die Sicht, indem sie den Sternen quasi ihr „Funkeln nehmen". Diese Technik, die „adaptive Optik" genannt wird, ist ein Kunstgriff der modernen Astronomie und wird in allen großen Teleskopen angewendet. Ohne sie würde das Universum verschwommen aussehen. Aber *mit* adaptiver Optik sind die Bilder gestochen scharf.

Ein weiterer optischer Taschenspielertrick, die Interferometrie, verbindet die Lichtwellen zweier Teleskope miteinander, wobei die Wellenberge und –täler präzise überlagert werden. Als Wegbereiter für diese Technologie gelten die Radioastronomen. Auf diese Weise arbeiten die zwei Teleskope wie ein gigantisches Einzelteleskop zusammen, mit einem Auflösungsvermögen, das dem größten Abstand der beteiligten Teleskope entspricht. Auf diese Weise enthüllt die Interferometrie Details, die man andernfalls nur mit 100-Meter-Teleskopen erhalten würde. Die beiden Keck-Teleskope auf Mauna Kea arbeiten für gewöhnlich als optisches Interferometer zusammen. Im Falle des VLT, das aus *vier* Einzelteleskopen besteht, gibt es noch kleinere Hilfsteleskope, die bewegt werden können, um eine noch bessere optische Leistung zu erreichen.

LASERSCHÜSSE INS ZENTRUM DER GALAXIE

Ein orangefarbener Natriumlaser wird auf den Kern der Milchstraße gerichtet, um Beobachtungen mit adaptiver Optik des *Very Large Telescope* der Europäischen Südsternwarte (ESO) zu unterstützen. Der Laserstrahl bildet einen künstlichen Leitstern hoch in der Erdatmosphäre. Astronomen überwachen kontinuierlich die stetig wechselnde Verzerrung des Lichts dieses Laser-Leitsterns, der von atmosphärischen Turbulenzen herrührt, um Unschärfen zu korrigieren und die höchstmögliche Auflösung zu erreichen.

DAS MAUNA KEA-OBSERVATORIUM

Auf dem Gipfel des Mauna Kea, einem 4200 Meter hohen, ruhenden Vulkan auf Hawaii befindet sich eines der größten astronomischen Observatorien der Welt. Auf dem Gebirgskamm im Vordergrund sind die beiden großen Kuppeln des 3,60 Meter großen Kanada-Frankreich-Hawaii-Teleskops (links) und des 8,10-Meter-Gemini-Nord-Teleskops (rechts) zu sehen. Im Tal befindet sich das 15 Meter große James-Clerk-Maxwell-Teleskop, das zum Studium extrem kurzer Radiowellenlängen benutzt wird. Rechts sieht man die beiden Kuppeln des 10 Meter großen Keck-Observatoriums und links davon steht das 8,30 Meter große japanische Subaru-Teleskop.

Man kann noch weitere bedeutende Teleskope rund um den Globus finden. Die beiden Magellan-Teleskope am Las Campanas-Observatorium in Chile wurden von amerikanischen Astronomen gebaut. Diese Teleskope, die nach den Astronomen Walter Baade und Landon Clay benannt wurden, haben jeweils einen Hauptspiegel von 6,50-m-Durchmesser, die sowohl getrennt als auch im Verein als Interferometer arbeiten können. Das japanische Subaru-Teleskop („Subaru“ ist die japanische Bezeichnung für die Plejaden) im Mauna Kea-Observatorium, ist ein Hochleistungsinstrument mit einem Spiegel von 8,30-m-Durchmesser, das zusätzlich mit empfindlichen Spektrographen und Kameras ausgestattet ist. Das als internationales Gemeinschaftsprojekt gebaute Gemini-Nord-Teleskop, mit einem Spiegel von 8,10-m-Durchmesser, befindet sich ebenfalls auf dem Mauna Kea. Im Verbund mit seinem Bruder Gemini-Süd, das sich auf der südlichen Halbkugel, auf dem Cerro Pachón in Chile befindet, erlaubt es den Astronomen den gesamten Himmel routinemäßig zu beobachten.

Lichtsammler

Das Hobby-Eberly-Teleskop (HET) auf dem Mount Fowlkes in Texas und das *South African Large Telescope* (SALT) in Sutherland, Südafrika besitzen segmentierte Hauptspiegel von 11 Metern Durchmesser. Diese besonderen, auf Spektroskopie spezialisierten Teleskope haben wesentliche Nachteile im Vergleich zu konventionellen Teleskopen. Sie können nur einen kleinen Teil des Himmels beobachten und nutzen nicht ihre gesamte Spiegeloberfläche aus. Da die Abbildungsqualität gewöhnlich relativ schlecht ist, sind sie nicht mit empfindlichen Kameras ausgestattet. Sie sind aber besonders gut darin, das schwache Licht entfernter Galaxien aufzufangen und zu analysieren. Solche so genannten „Lichtsammler“ unterscheiden sich schon sehr von den üblichen Teleskopen, und daher erscheinen weder HET noch SALT häufig auf der Liste der größten Teleskope der Welt.

DAS GEMINI-NORD-TELESKOP MIT LASER-LEITSTERN

Das 8,20 Meter große Gemini-Nord-Teleskop mit seinen silberbeschichteten Hauptspiegel und der leistungsstarken adaptiven Optik auf Mauna Kea steht bereit, um neue Rätsel des Kosmos zu lösen. Es verwendet zur Überwachung atmosphärischer Turbulenzen einen gelben Laserstrahl als Leitstern in der Erdatmosphäre.

DAS KECK-TELESKOP

Bei dem heutigen Stand der Technik ist es noch unmöglich Teleskopspiegel von über 8,40 Meter Durchmesser in einem Stück zu gießen. Deshalb bestehen die 10-Meter-Spiegel der Keck-Teleskope auf dem hawaiianischen Vulkan Mauna Kea aus 36 kleineren hexagonalen Spiegelfacetten – eine Technik, die auch in Zukunft für besonders große Teleskope Anwendung finden wird. Die Konstruktion links vom Zentrum dieser Fisheye-Fotografie ist die Kammer für den Sekundärspiegel.

„Diese Giganten sind gut gerüstet, um die atmosphärischen Störungen auszugleichen."

Ein Neuling unter den Teleskopen ist das Bahn brechende Große Binokulare Teleskop (kurz LBT für *Large Binocular Telescope*) auf dem Mount Graham in Arizona. Seine beiden Hauptspiegel, die aus einem Guss sind, haben einen Durchmesser von jeweils 8,40 m und wurden auf einer gemeinsamen Stützkonstruktion montiert. Zusammen können sie soviel Licht sammeln wie ein 11,80 m großes Teleskop. Als Interferometer zusammengeschlossen erreichen sie sogar das Auflösungsvermögen eines 22,80 m großen Teleskops.

Diese Giganten befinden sich in bestmöglicher Lage: Hoch und trocken, bei klarer Luft und in absoluter Dunkelheit. Mit ihren gigantischen Spiegeln und adaptiver Optik sind sie gut gerüstet, um die atmosphärischen Störungen auszugleichen. Und manchmal besitzen sie sogar, dank Interferometrie, das Auflösungsvermögen eines echten Kolosses.

Die innovativen Technologien großer, doch dabei dünner Spiegel, kombiniert mit adaptiver Optik und Interferometrie, haben es uns ermöglicht, neue Erkenntnisse über das Universum zu gewinnen. Die Astronomen haben von der Erde aus Bilder der Vulkane des orangefarbenen Schwefelmonds Io des fernen Planeten Jupiter machen können. Sie haben die Größen und die ovalen Formen einiger heller Sterne, wie Altair und Regulus gemessen. Sie konnten sogar einen kühlen Planeten im Orbit eines Braunen Zwergs entdecken und gigantische Sterne verfolgen, die sich um das Zentrum unseres Milchstraßensystems, unter dem Gravitationseinfluss eines supermassiven Schwarzen Lochs, bewegen.

Wir haben es wahrlich weit gebracht seit Galilei.

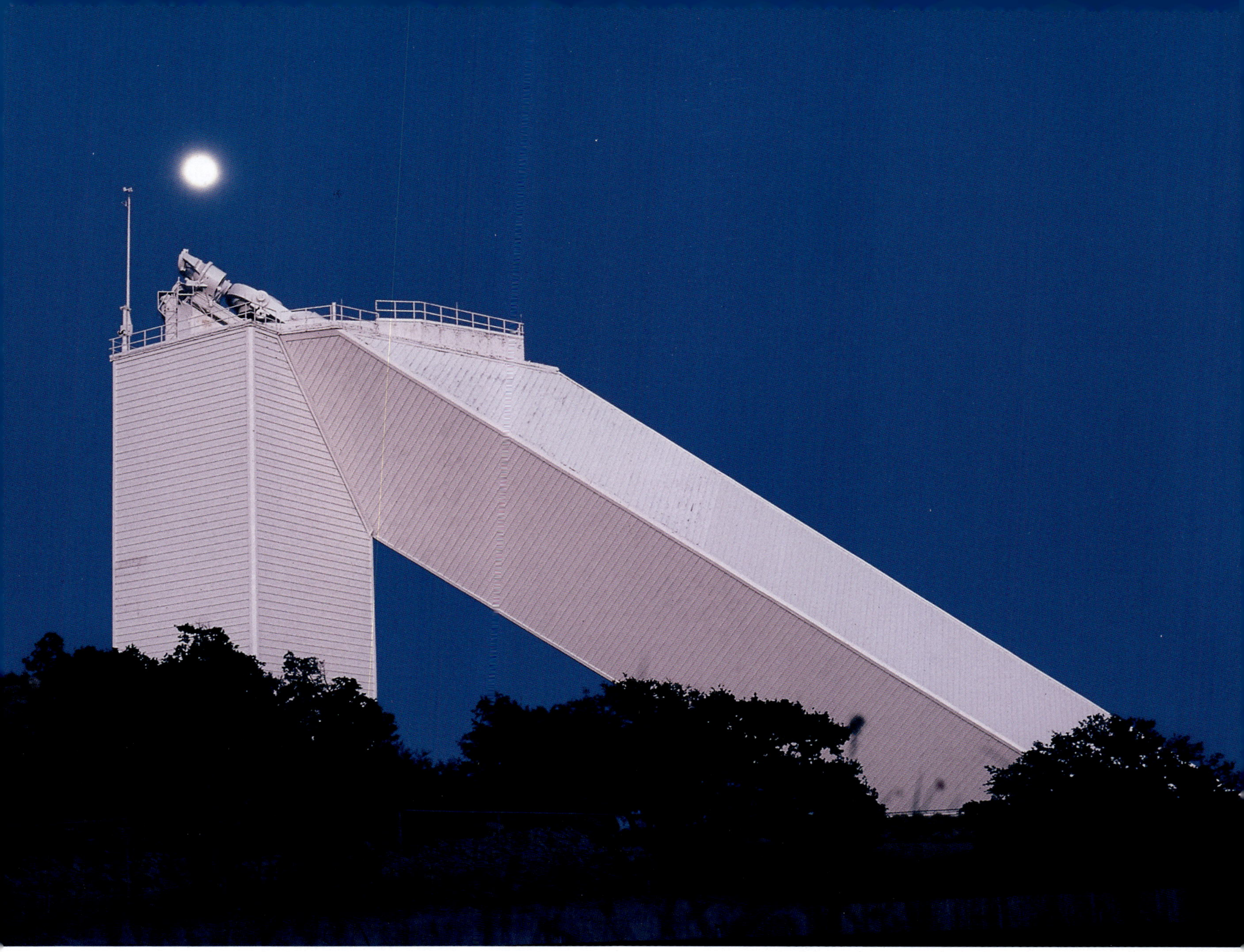

„Wir haben es wahrlich weit gebracht seit Galilei.“

DAS MCMATH-PIERCE-SOLAR-TELESKOP

Eine Aufnahme des McMath-Pierce-Solarteleskops des *Kitt Peak National Observatory* in der Dämmerung, nach einem langen Tag der Sonnenbeobachtung, während im Hintergrund gerade der Mond aufgeht.

Ferngesteuert

Die professionellen Astronomen von heute brauchen nicht mehr mitten in der Nacht durch das Okular ihrer Teleskope schauen. Alle bedeutenden Einrichtungen werden von einem komfortablen Kontrollraum aus ferngesteuert, in dem der Wissenschaftler über die Tastatur eines Computers Befehle eingibt und das Ergebnis am Monitor verfolgt. Der Kontrollraum der Keck-Teleskope von Mauna Kea befindet sich im Hauptquartier des Keck-Observatoriums in Waimea, in der Nähe des Meeresspiegels, so dass Gastwissenschaftler nicht mehr unter der Höhenkrankheit leiden müssen. In vielen Fällen führen auch einfach die angestellten Astronomen des Observatoriums sowie Nachtassistenten die Beobachtungen aus. Die Wissenschaftler können die Daten dann von einem beliebigen Ort der Welt aus analysieren.

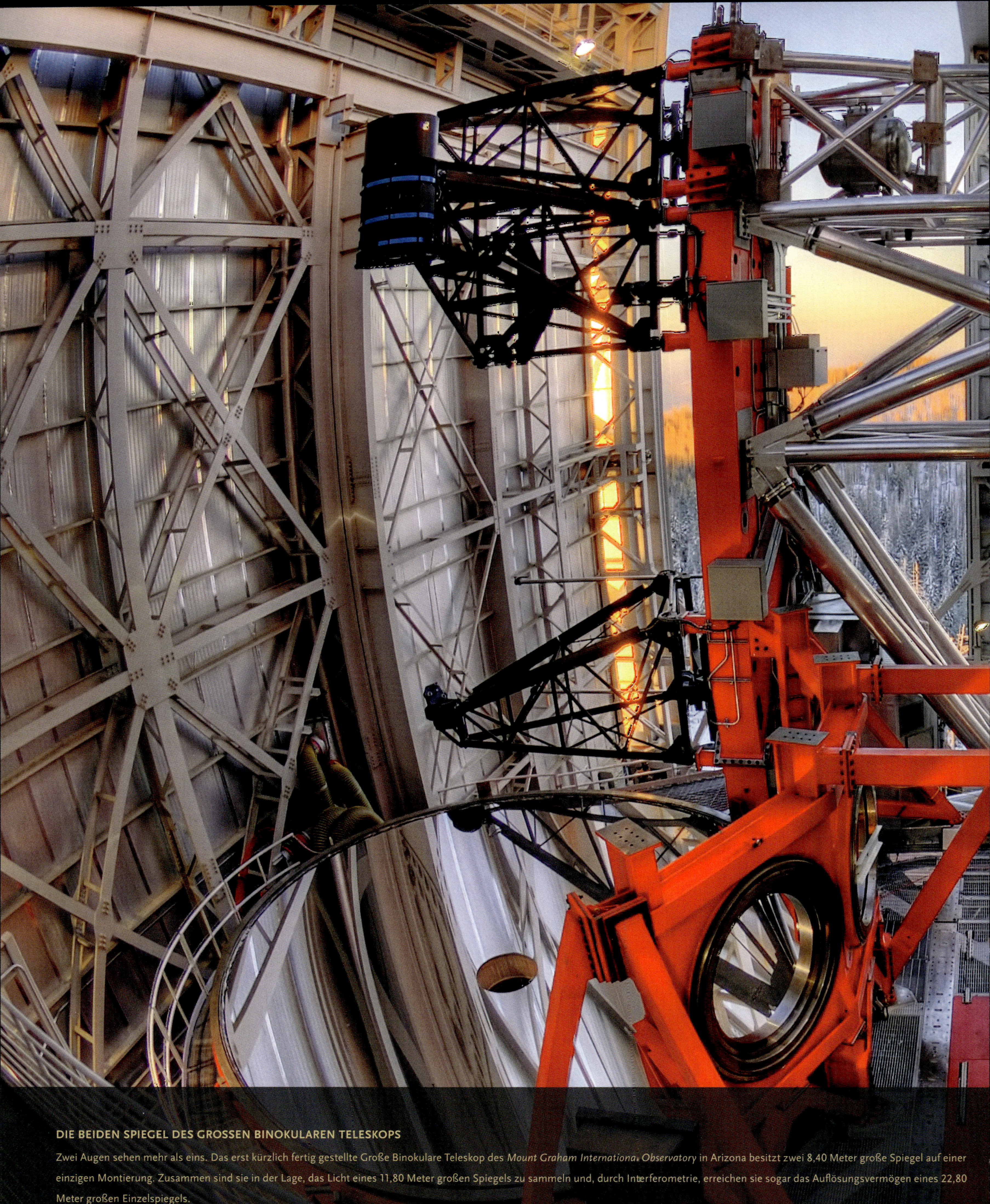

DIE BEIDEN SPIEGEL DES GROSSEN BINOKULAREN TELESKOPS

Zwei Augen sehen mehr als eins. Das erst kürzlich fertig gestellte Große Binokulare Teleskop des *Mount Graham International Observatory* in Arizona besitzt zwei 8,40 Meter große Spiegel auf einer einzigen Montierung. Zusammen sind sie in der Lage, das Licht eines 11,80 Meter großen Spiegels zu sammeln und, durch Interferometrie, erreichen sie sogar das Auflösungsvermögen eines 22,80 Meter großen Einzelspiegels.

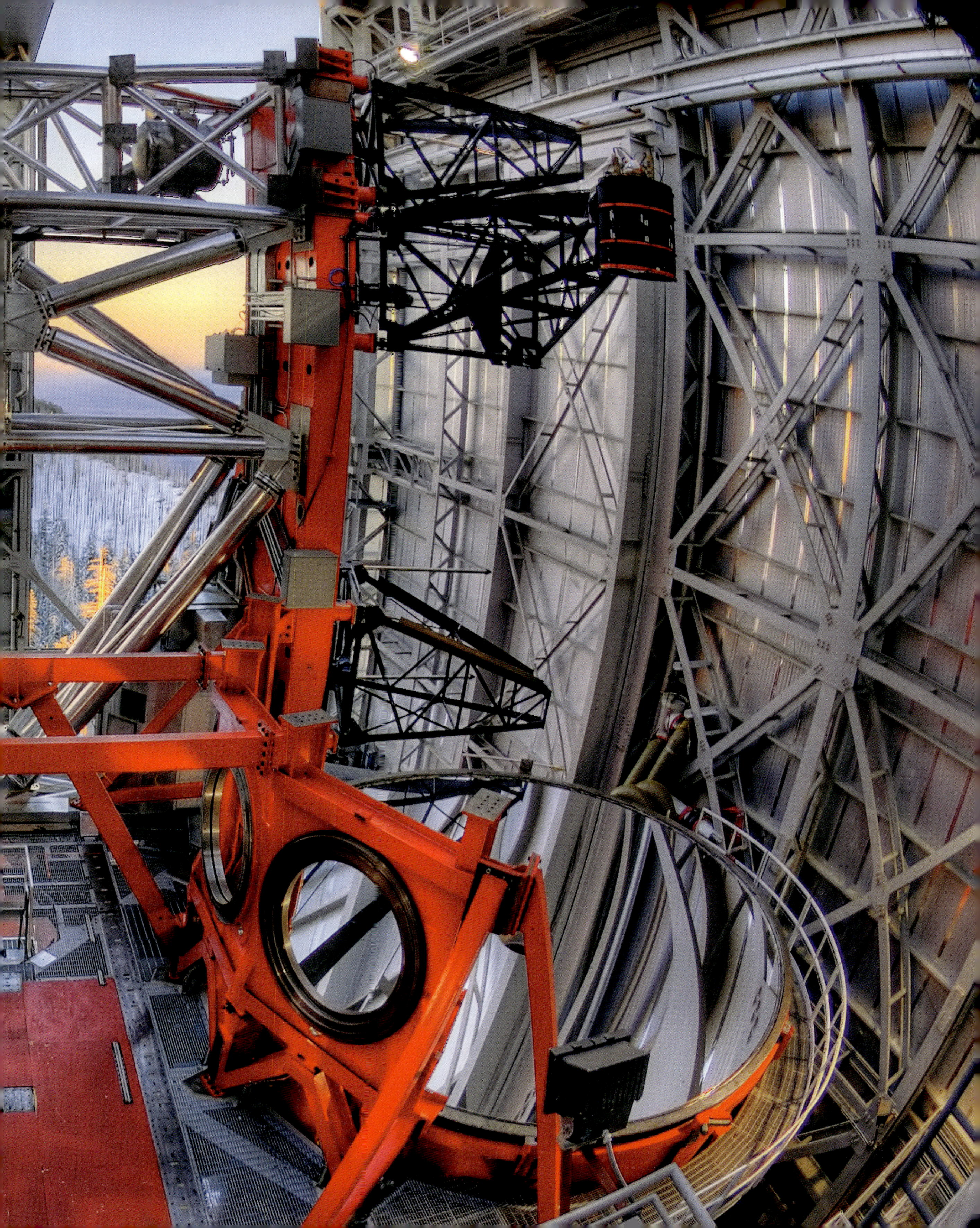

4 VON SILBER ZU SILIKON

ABBILDUNG DES ORION-NEBELS DURCH DAS HUBBLE-WELTRAUMTELESKOP
Über fünfhundert Bilder des Hubble-Weltraumteleskops, in fünf verschiedenen Wellenlängenbereichen, sind hier verarbeitet und miteinander kombiniert worden, um diese atemberaubende Fotomontage des Orionnebels zu erstellen. Es handelt sich dabei um eines der am Besten erforschten Sternentstehungsgebiete am Himmel. Auf diesem Bild gibt es über 3000 Sterne, die meisten davon sind gerade erst entstanden. Die digitale Bildverarbeitung ermöglicht es uns, die Daten von optischem Licht mit denen des Nahinfrarotbereichs in einem Bild zu kombinieren.

Es ist eine Sache, das Universum durch das Okular eines Teleskops zu beobachten, aber eine ganz andere, diese Beobachtungen für die Nachwelt festzuhalten. Frühere Generationen hielten ihre Beobachtungen mit Papier und Feder fest, doch das menschliche Auge ist ein lausiger Beobachter und unser Gehirn kann uns Streiche spielen. Die Astrofotografie, die Mitte des neunzehnten Jahrhunderts eingeführt wurde, erwies sich als wirksames Werkzeug, um Teleskop-Bilder objektiv festzuhalten. Dank langer Belichtungszeiten enthüllen Fotografien mehr als das Auge je erfassen könnte. Als echte Revolution aber, stellte sich die Einführung der elektronischen Detektoren und der digitalen Bildverarbeitung heraus.

„Mehr als zweihundert Jahre lang mussten Astronomen auch künstlerische Begabung besitzen."

Vor vierhundert Jahren skizzierte Galileo Galilei noch mit der Feder, was er durch sein Fernrohr sah: die pockenvernarbte Oberfläche des Mondes, den Tanz der Jupitersatelliten, die dunklen Sonnenflecken und die Sterne des Orion. Um seine Entdeckungen bekannt zu machen, veröffentlichte er die Zeichnungen in *Der Sternenbote*, einer kleinen Flugschrift.

Mehr als zweihundert Jahre lang mussten Astronomen, die ihre Beobachtungen in detailgetreuen Zeichnungen festhielten, auch künstlerische Begabung besitzen, wenn sie die kahle Landschaft des Monds, Stürme in der Atmosphäre des Jupiters oder zarte Gasschleier in einem fernen Nebel skizzierten. Auch wenn bereits Fadenkreuze, Mikrometer und präzise Uhren für die exakte Ausmessung von Positionen und Dimensionen am Himmel zur Verfügung standen, hing die endgültige Darstellung des Teleskop-Bilds von dem sehr persönlichen künstlerischen Bemühen des Beobachters ab.

Manchmal zeichneten Astronomen auch Eigenschaften, die gar nicht existierten, wie zum Beispiel Kanäle auf dem Mars. Der Mars ist ein kleiner, weit von uns entfernter Planet, und die Teleskope des späten neunzehnten Jahrhunderts waren kaum in der Lage, Einzelheiten auf seiner kleinen rötlichen Oberfläche zu enthüllen. In seltenen, kurzen Momenten der vollkommenen Sicht auf den Planeten, konnte der italienische Astronom Giovanni Schiaparelli *canali* ausmachen – dunkle Linien, die sich über den ganzen Mars erstreckten. Der Amerikaner Percival Lowell sah sie auch. Laut Lowell stellten diese Kanäle ein gigantisches Netzwerk dar, das die trockenen Äquatorregionen des Mars mit Wasser von den Polen versorgte. Das waren scheinbar Zeichen von Zivilisation auf dem roten Planeten!

Da war wohl der Wunsch Vater des Gedanken gewesen. Denn es gibt keine Zivilisation auf dem Mars. Heute wissen wir, dass die Kanäle eine optische Täuschung waren, die durch die Neigung des Auges, überall bekannte Muster erkennen zu wollen, hervorgerufen wurde. Das menschliche Auge kann man täuschen: Astronomen benötigen eine objektive Technik zum Festhalten der Teleskop-Beobachtungen.

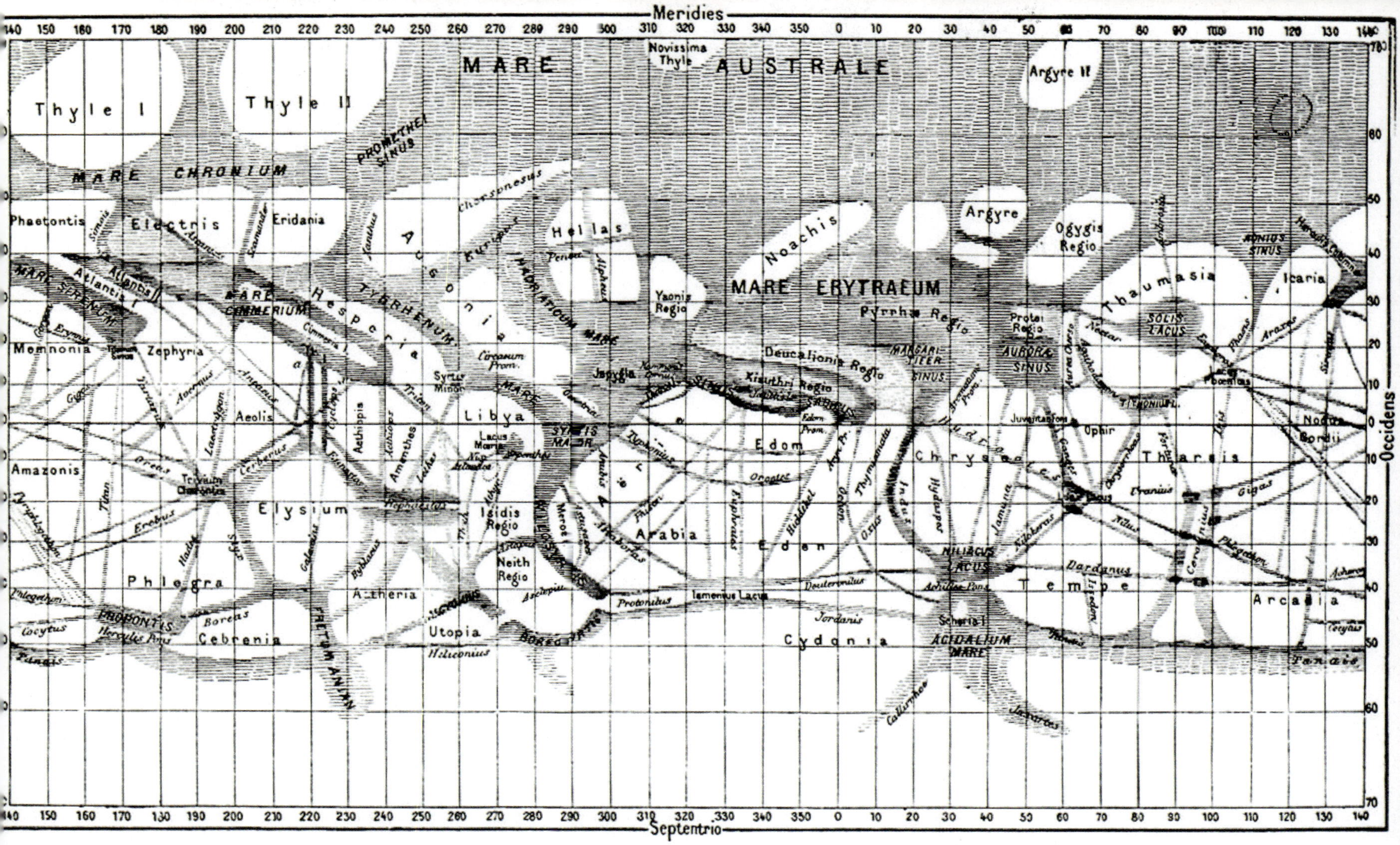

„Da trat die Fotografie auf den Plan.“

Da trat die Fotografie auf den Plan. 1340 gelang John William Draper die erste Daguerrotypie vom Mond. Die Fotografie gab es erst seit fünfzehn Jahren, doch die Astronomen waren sich bereits vollkommen ihrer umwälzenden Möglichkeiten bewusst. Zehn Jahre danach machten Astronomen am Observatorium des *Harvard College* bereits die erste Daguerrotypie von einem Stern, dem Stern Vega. Und im Jahre 1880 machte Drapers Sohn Henry die erste Fotografie vom Orionnebel – ein erstaunliche Leistung, wenn man bedenkt, wie schwach der Nebel leuchtet.

DIE ERSTE FOTOGRAFIE VOM MOND

Am 18. Dezember 1839, machte der britisch-amerikanische Wissenschaftler John Draper, die erste Fotografie – oder genauer gesagt, die erste Daguerrotypie – vom Mond. Drapers Schnappschuss markiert den Beginn der Astrofotografie, eine technische Disziplin, die die Astronomie bald vollkommen revolutionieren sollte.

GIOVANNI SCHIAPARELLIS MARS-KARTE

Das menschliche Auge kann leicht getäuscht werden. Ende des 19. Jahrhunderts glaubte der italienische Astronom Giovanni Schiaparelli dunkle, gerade Linien auf der Oberfläche des Mars zu erkennen. Auf dieser Mars-Karte, die auf seinen Skizzen beruht und mit Schiaparellis Nomenklatur versehen wurde, wird suggeriert, dass die „Kanäle“ des Mars Wasserwege sind, die „Meere“ miteinander verbinden und das Terrain in eine große Anzahl verschiedener „Länder“ unterteilen. Später haben Astronomen festgestellt, dass die Kanäle des Mars’ eine optische Täuschung waren.

EINE COLLAGE FRÜHER ASTROFOTOGRAFIEN

Der amerikanische Optiker George Willis Ritchey, der 14 Jahre lang am Mount Wilson Observatory beschäftigt war, arbeitete eng mit George Ellery Hale zusammen. In den Jahren 1901 bis 1917, als die Astrofotografie sich gerade erst zu entwickeln begann, machte Ritchey diese Bilder von berühmten Galaxien. Die Bilder zeigen (von oben links im Uhrzeigersinn): die Galaxie NGC 4565, den Dreiecksnebel (M33), die Feuerradgalaxie M101, die Whirlpool-Galaxie (M51), die zentralen Bereiche des Andromedanebel (M31) und die Spiralgalaxie M81 im Sternbild des Großen Bären.

Mit Hilfe der Astrofotografie kann man nicht nur auf objektive Weise den Himmel beobachten, sondern auch astronomische Objekte abbilden, die für das menschliche Auge nicht wahrnehmbar sind. Die lichtempfindliche Fotoemulsion auf der Fotoplatte besteht aus Gelatine mit eingebettetem Silberhalogenid. Wenn man dieses dem Licht aussetzt, verdunkelt es sich. Das Ergebnis ist ein negatives Bild vom Himmel mit schwarzen Sternen auf weißem Hintergrund. Es gibt noch einen weiteren Vorteil: Eine Fotoplatte kann für mehrere Stunden belichtet werden und fängt dabei ununterbrochen Licht, selbst von sehr schwach leuchtenden Sternen, auf. Auch wenn man stundenlang mit dem bloßen Auge in den Himmel blickte, würde man nicht mehr Sterne erkennen können, nachdem sich das Auge an die Dunkelheit gewöhnt hat. Bei Fotografien ist das anders. Je länger die Belichtungsdauer, desto mehr Licht fängt man ein.

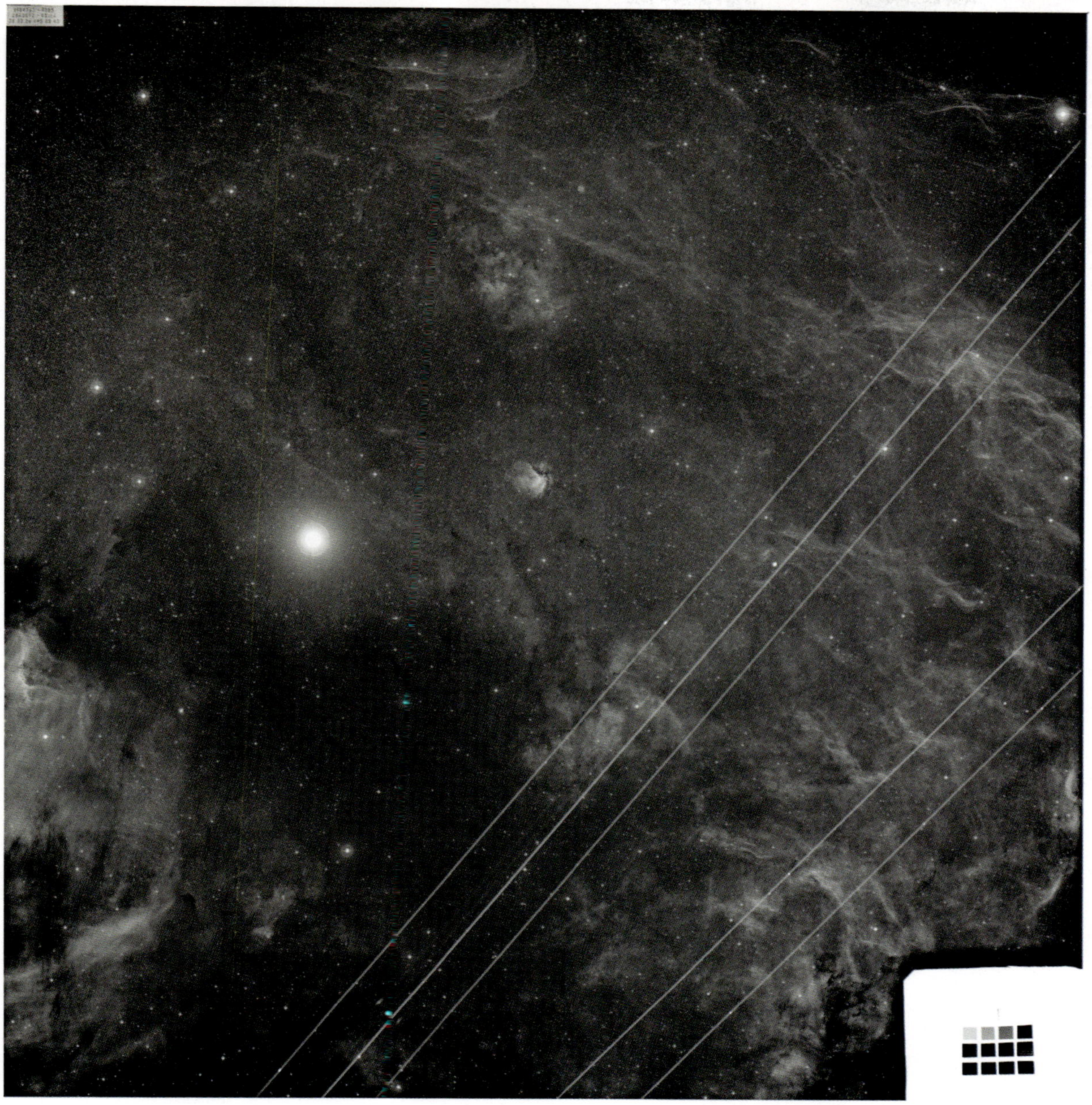

HERAUSFORDERUNG ASTROFOTOGRAFIE

Dieses Bild aus der *Palomar Observatory Sky Survey* (POSS) weist Mängel auf, mit denen sich Astrofotografen oftmals plagen müssen. Durch den unteren Teil des Fotos verlaufen diagonale, weiße Lichtstreifen von Flugzeugen, die während der langen Belichtungszeit durch die Aufnahme flogen. Eine Abschattung ist deutlich als Verdunkelung in den Ecken des Bildes erkennbar. Der Effekt ist oft auf Mängel in der Fotoausrüstung zurückzuführen. Ein Aufkleber mit Belichtungsdaten und eine Schwärzungssequenz, die die Grauwerte anzeigt, befinden sich noch in den Ecken der Aufnahme. Der hellste Stern in diesem Bild ist Deneb im Sternbild des Schwans und die Vernebelung auf der linken Seite ist ein Teil des Pelikannebels.

Der in Schottland geborene Astronom David Gill, der damals in Südafrika im Königlichen Observatorium am Kap der Guten Hoffnung arbeitete, erkannte als Erster das Potenzial der Astrofotografie für die Durchmusterung des Himmels. Schon früher hatten Astronomen ausführliche Sternenkataloge auf der Grundlage akribischer Beobachtungen zusammengestellt – die bekannteste unter ihnen ist die Bonner Durchmusterung von 1862. In den Jahren von 1895 bis 1900 fotografierte Gill den Himmel systematisch und enthüllte dabei Millionen Sterne. Der niederländische Astronom Jacobus C. Kapteyn vermaß dann diese Platten, und zusammen veröffentlichten sie die dreibändige *Cape Photographic Durchmusterung*, die die Positionen und Helligkeiten von 454.877 Sternen enthält.

„Die Astrofotografie machte die Astronomie zu einer empirischen Wissenschaft."

Die Fotografie wurde Anfang des zwanzigsten Jahrhunderts zum unentbehrlichen Werkzeug der Astronomie. Schwach leuchtende Satelliten von Planeten, die wahre Natur der Spiralnebel und der Zwergplanet Pluto – sie alle wurden mit Hilfe der Astrofotografie entdeckt. Mit dem Aufkommen der großen Teleskope konnten noch größere Himmelsregionen noch detaillierter durchmustert werden. Mit dem 120 Zentimeter großen Oschin-Schmidt-Teleskop (*Big Schmidt*), auf dem Berg Palomar, führte man in den fünfziger Jahren die photographische Durchmusterung des gesamten nördlichen Himmels durch. Das Ergebnis, die *Palomar Observatory Sky Survey* (POSS), die finanziell von der *National Geographic Society* unterstützt worden war, bestand aus beinahe zweitausend Fotoplatten, von der jede fast eine Stunde lang belichtet worden war und Sterne bis zu einer Magnitude von 21 aufwies – ein Million mal schwächer, als mit bloßem Auge sichtbar.

Die Astrofotografie machte die Astronomie zu einer empirischen Wissenschaft: messbar, objektiv und wiederholbar. Doch Silber war langsam und die Belichtungszeiten lang. Die Astronomen mussten Geduld mitbringen, wenn sie mit Fotografie Ergebnisse erzielen wollten. Die digitale Revolution änderte das. Silikon hat das Silber und Pixel haben das Silberhalogenid ersetzt. Selbst Otto Normalverbraucher verwendet keine Filmrollen mehr. Die Bilder werden heutzutage auf lichtempfindlichen Sensoren gespeichert, die 1969 erfunden wurden: die so genannten CCDs (ladungsgekoppelte Elemente).

Ein CCD ist eine Matrix lichtempfindlicher Silikonelemente – der Pixel. Während der Belichtung sammelt jedes Pixel elektrische Ladung auf, die proportional zum empfangenen Licht ist. Nach der Belichtung werden die Ladungen elektronisch ausgelesen und in ein Bild umgewandelt. Die ersten zweidimensionalen CCDs hatten ungefähr 100x100 Pixel, doch heutzutage sind selbst in Handys Megapixelkameras mit fünf oder sechs Millionen Bildpunkten keine Seltenheit mehr.

Die von professionellen Astronomen verwendeten CCDs sind außerordentlich effizient. Sie werden mit Hilfe von flüssigem Stickstoff weit unter den Gefrierpunkt gekühlt, damit sie noch lichtempfindlicher werden und fast jedes einzelne Lichtteilchen registrieren. Auf diese Weise kann man die CCD-Belichtungszeiten wesentlich verkürzen. Ein auf einem kleineren Teleskop montierter CCD-Detektor erzielt dasselbe Ergebnis bereits in wenigen Minuten, wozu die *Palomar Observatory Sky Survey* eine Stunde benötigte. Astronomen haben immens große CCD-Kameras mit hundert Millionen Pixeln gebaut, und der Fortschritt ist nicht aufzuhalten.

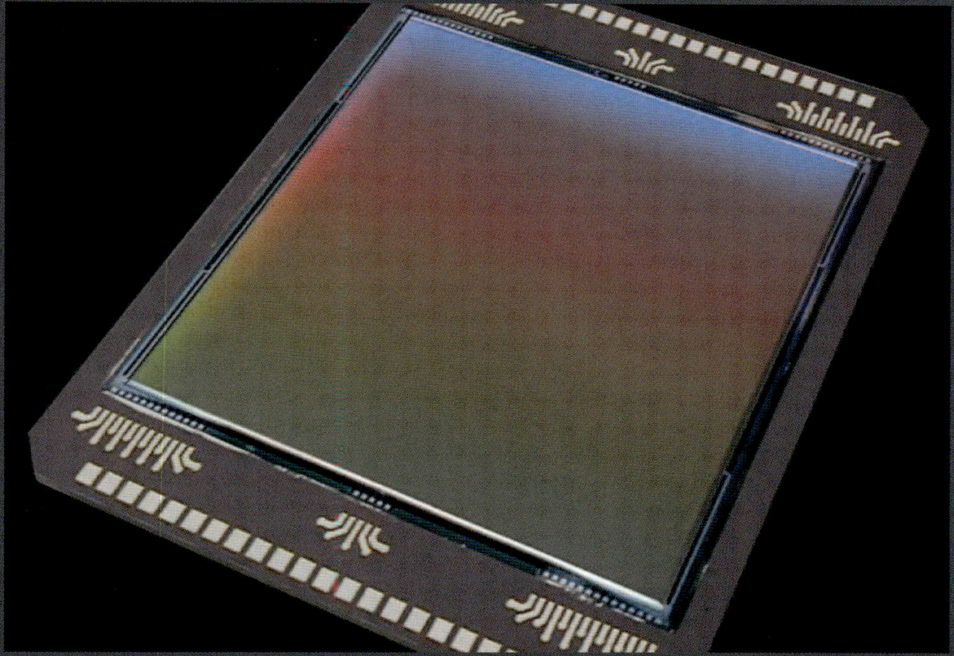

Kosmische Farben

Dank der großen Teleskope, der digitalen CCD-Detektoren und des Internets ist die Öffentlichkeit an Aufsehen erregende Farbfotografien des Himmels gewöhnt: surrealistische Töne in der Saturn-Atmosphäre, leuchtende Grün- und Rottöne in einer Sternenkinderstube und eine ganze Regenbogensymphonie in planetaren Nebeln. Ist das Universum wirklich so grellbunt? Oder verfälschen Astronomen etwa die Farben, damit die Bilder gefälliger werden?

Eines ist sicher: Ein Astronaut, der in der Nähe des Adlernebels oder des Krebsnebels, einem Supernova-Überrest, durch das All schwebt, wird den Nebel kaum wahrnehmen, geschweige denn irgendwelche Farben sehen, da dieser nur extrem schwach leuchtet. Das menschliche Auge kann Licht nicht wie eine Fotoplatte oder ein CCD-Detektor sammeln, daher würde das wenige Licht, dass der Astronaut *sähe*, nur Grautöne besitzen, da die farbempfindlichen Zapfen der Retina nur auf helles Licht reagieren. Die „Farbverstärkung", die so häufig auf astronomischen Fotografien zu sehen ist, stellt Einzelheiten heraus, die wir mit bloßem Auge niemals erkennen könnten.

Ein moderner CCD-Detektor ist mit einem altmodischen Schwarzweißfilm vergleichbar: Er reagiert tatsächlich auf ein sehr weites Farbspektrum, aber er nimmt nur die Gesamtintensität auf. Um nun ein Farbphoto von der CCD-Aufnahme zu erhalten, muss man die Schwarzweißbilder jeweils durch einen Grün-, einen Rot- und einen Blaufilter aufnehmen und diese dann überlagern. Auf diese Weise werden auch die bekannten farbenfrohen Hubble-Bilder hergestellt. Aber aufgepasst! Diese Filter werden entsprechend ausgewählt um soviel wissenschaftliche Information wie möglich zu ergeben und stimmen nicht unbedingt mit dem natürlichen Farbensehen des menschlichen Auges überein. Ein Filter, beispielsweise, ist auf die Wellenlänge glühenden Sauerstoffs spezialisiert, während man durch andere nur Stickstoff oder Wasserstoff erkennen kann. Daher sehen die farbigen Bilder im Ergebnis niemals so aus, wie unser Auge Farben sieht.

Die Astronomen sind auch in der Lage Licht in Wellenlängenbereichen nachzuweisen, die für das menschliche Auge unsichtbar sind, so z.B. ultraviolette und infrarote Strahlung. Um diese Art Information für unsere Augen sichtbar zu machen, müssen die Wellenlängen mit Farben dargestellt werden, die wir sehen können. Wenn eine entfernte Galaxie durch rote, nahinfrarote und ferninfrarote Filter beobachtet wird, müssen die Aufnahmen entsprechend den blauen, grünen und roten Farbkanälen eines digitalen Farbfotos zugewiesen werden.

NGC 7635 – DER BUBBLE-NEBEL

Der Bubble-Nebel besteht aus drei Schichten Gas, die einen massereichen Stern im Sternbild Kassiopeia umgeben. Der Nebel, der einen Durchmesser von ungefähr sechs Lichtjahren besitzt, leuchtet, da sein Gas von der energiereichen Strahlung des Sterns ionisiert wird. Bei den violetten Fäden am rechten unteren Bildrand handelt es sich um die Überreste einer Supernova-Explosion, die vor tausenden von Jahren stattfand.

Die Digitalfotografie hat den großen Vorteil, dass sie sofort zur Weiterbearbeitung am Computer bereit steht. Die Astronomen verwenden ausgeklügelte und hoch spezialisierte Programme, um ihre Schnappschüsse zu bereinigen, zu optimieren und zu verbessern. Sie können ihre Ergebnisse direkt den Bilddaten entnehmen und interessante Informationen extrahieren, die dann in Kurven dargestellt und visualisiert werden können. Die Bilder können gestreckt und Kontraste betont werden, damit man auch noch die dunkelsten Regionen von Nebeln oder Galaxien erkennt. Farbliche Kennzeichnung bringt Strukturen zum Vorschein, die man andernfalls übersehen würde. Indem man drei Bilder miteinander kombiniert, die durch verschiedene Farbfilter aufgenommen wurden, erhält man herrliche Montagen, die die Grenze zwischen Wissenschaft und Kunst verschwimmen lassen.

Aus der elektronischen Astronomie lässt sich weiterer Nutzen ziehen. Nie zuvor waren derart eindrucksvolle Bilder des Kosmos der breiten Öffentlichkeit so leicht zugänglich. Die neuesten Fotos des Hubble-Weltraumteleskops oder noch aktuellere Bilder von Satelliten, die entfernte Planeten umkreisen, sind nur ein Mausklick entfernt! Semiprofessionelle Amateure wenden ihre Bildverarbeitungskenntnisse mit Hilfe des *Photoshop*-Programms auf die Bilder der großen Teleskope oder auf digitalisierte Fassungen alter Fotoplatten an, um damit auffallend schöne Farbkompositionen zu jedermanns Erbauung zu schaffen. Hobby-Astronomen mit kleinen Amateur-Teleskopen können mit preiswerter und einfacher Webcam-Technologie routinemäßig Bilder von Planeten erstellen, die mehr Details aufweisen, als die besten Fotografien des 5-m-großen Hale-Teleskops fünfzig Jahre zuvor.

Die Digitalisierung hat es ebenfalls ermöglicht, den gesamten Beobachtungsprozess zu automatisieren. Roboterteleskope, die mit hochempfindlichen elektronischen Detektoren ausgestattet sind, überwachen den Himmel. Moderne Computersoftware vergleicht Bilder, die im Abstand von wenigen Stunden oder Tagen aufgenommen wurden und registrieren noch die kleinsten Veränderungen, um Asteroiden im Sonnensystem, Veränderliche und Exoplaneten in der Milchstraße oder Supernova-Explosionen in entfernten Galaxien zu entdecken.

Die Kunst des „Blinzelns“

Ein Gutteil des zwanzigsten Jahrhunderts haben Astronomen für ihre Suche nach Asteroiden, variablen Sternen und anderen Veränderungen am Himmel Blinkkomparatoren verwendet. Die Idee dahinter ist einfach. Man nimmt zwei Fotoplatten vom selben Abschnitt des Himmels mit zehntausenden von Sternen, legt sie nebeneinander vor sich hin und vergleicht sie dann miteinander durch das Okular eines Blinkkomparators. Ein Spiegel ändert den Blick des Beobachters auf die zwei Platten etwa alle zwei Sekunden. Bei den meisten Sternen wird man keine Veränderung feststellen können, doch falls so ein Stern seine Position oder Helligkeit verändert, wird er scheinbar auf und ab hüpfen bzw. aufleuchten und wieder erlöschen. Diese mühsame Technik ist mit dem Aufkommen der Digitalfotografie und leistungsfähiger Prozessoren überflüssig geworden: Bilder vom Weltraum werden jetzt automatisch miteinander verglichen, um herauszufinden, ob es irgendwelche Änderungen zwischen den Aufnahmen gab.

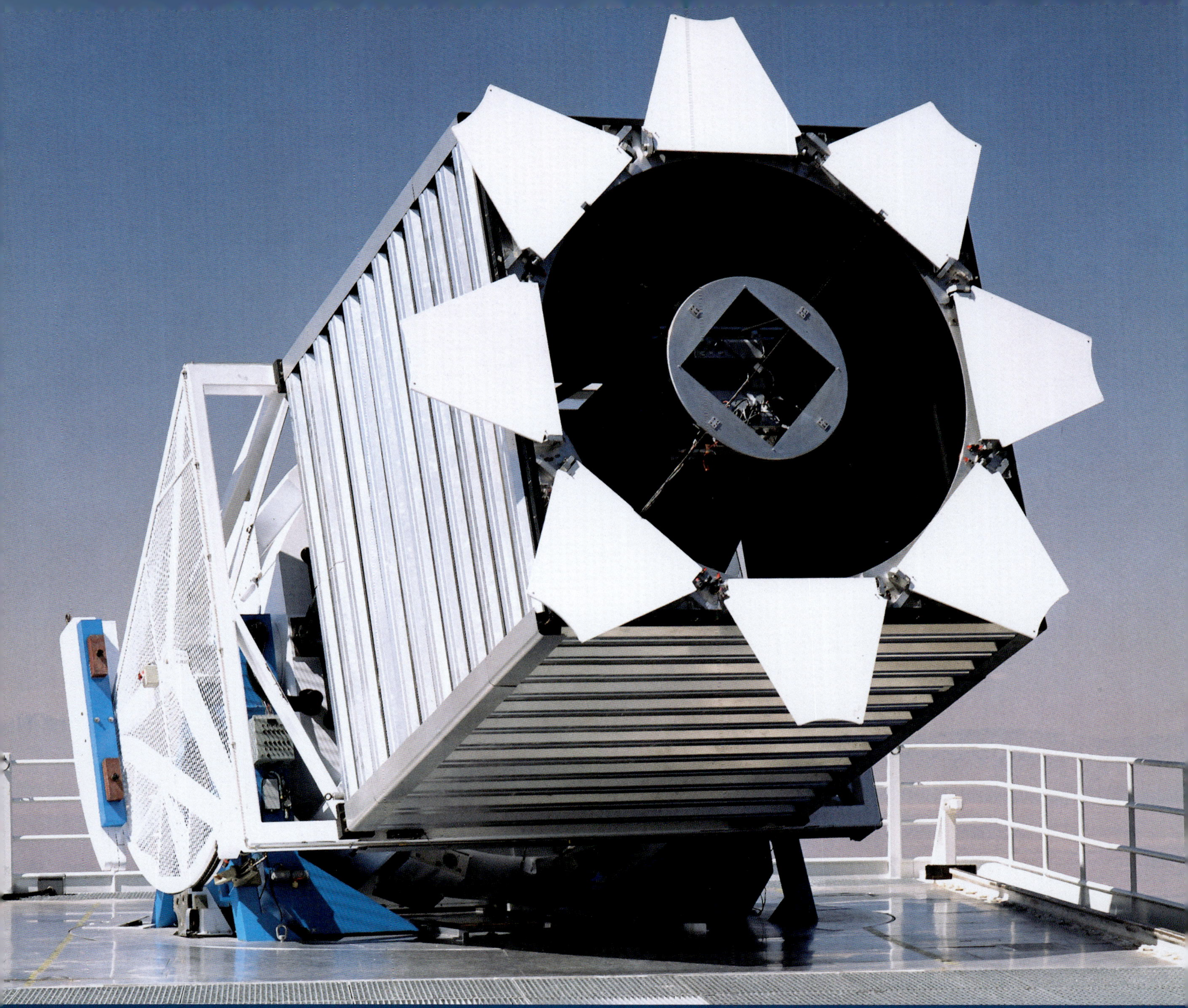

„Supernovae explodieren, neue Sterne entstehen. Pulsare blitzen auf, Gammastrahlenexplosionen detonieren und Schwarze Löcher wachsen.“

„Das LSST wird eine Webcam mit Blick auf das Universum zugänglich machen."

Durchmusterungen des Weltraums werden heutzutage ebenfalls voll elektronisch durchgeführt und man verwendet dabei wesentlich empfindlichere Instrumente. Seit 2000 hat das 2,50-m-große Sloan-Teleskop in Neumexiko über einhundert Millionen Himmelsobjekte fotografiert und katalogisiert, die Abstände zu einer Million Galaxien gemessen und einhunderttausend neue Quasare entdeckt. Die *Sloan Digital Sky Survey* hat, bei einem Datenausstoß von 200 Gigabyte pro Nacht, dreißig CCD-Chips, fünf Farbfilter und eine neuartige Durchmusterungsstechnik zur Durchmusterung eines Viertels des Himmels verwendet.

Doch eine Durchmusterung allein reicht nicht aus, um auf dem Laufenden zu bleiben. Kometen kommen und gehen. Asteroiden rasen an uns vorbei. Entfernte Planeten umkreisen ihr Muttergestirn und blockieren dabei vorübergehend einen Teil seines Lichts. Supernovae explodieren, neue Sterne entstehen. Pulsare blitzen auf, Gammastrahlenexplosionen detonieren und Schwarze Löcher wachsen.

Um mit allen himmlischen Ereignissen Schritt halten zu können, wollen Astronomen jedes Jahr eine vollständige Durchmusterung des Himmels durchführen. Oder monatlich. Oder zweimal pro Woche. So lautet das ehrgeizige Ziel des *Large Synoptic Survey*-Teleskops (LSST), das auf dem Cerro Pachón in Chile gebaut werden soll. Dieses leistungsstarke Instrument soll mit einem Hauptspiegel von 8,40 m Durchmesser, einem Gesichtsfeld von fünfzig Vollmonden und einer 3-Gigapixel-Kamera ausgestattet werden, die kontinuierlich 15-Sekunden-Belichtungen vom Himmel machen wird. Das LSST wird bei Fertigstellung im Jahr 2015 der Öffentlichkeit eine Webcam mit Blick auf das Universum zugänglich machen.

DAS SLOAN TELESKOP

Das 2,50 Meter große Sloan-Teleskop des *Apache Point Observatory* in Neumexiko, ist möglicherweise mit der kompliziertesten Digitalkamera, die je gebaut wurde, ausgestattet. Darin befinden sich 30 *Charge-coupled devices*, die so genannten CCD-Detektoren, die auf minus 80 Grad Celsius abgekühlt werden. Das Sloan-Teleskop hat den Nordhimmel vollautomatisch und mit beispielloser Präzision durchmustert.

Schlechte Pixel

Bevor ein elektronisches Abbild des Nachthimmels die Seiten einer Astronomie-Fachzeitschrift oder eines Bildbandes erreicht, muss es gründlich bearbeitet werden. Die verschiedenen CCD-Pixel können unterschiedlich auf dieselben Helligkeitsgrade reagieren, daher muss das Gesamtbild präzise abgeglichen werden. Hell leuchtende Sterne im Gesichtsfeld können einen „Schmier"-Effekt im CCD-Bild verursachen. Kosmische Strahlung (hochenergetische Teilchenstrahlung aus dem Weltraum) erhöht auch die gesammelte Ladung eines Pixels. Mit diesen Nebenwirkungen muss man sich befassen, bevor man sich an die eigentliche Komposition des Farbbilds machen kann.

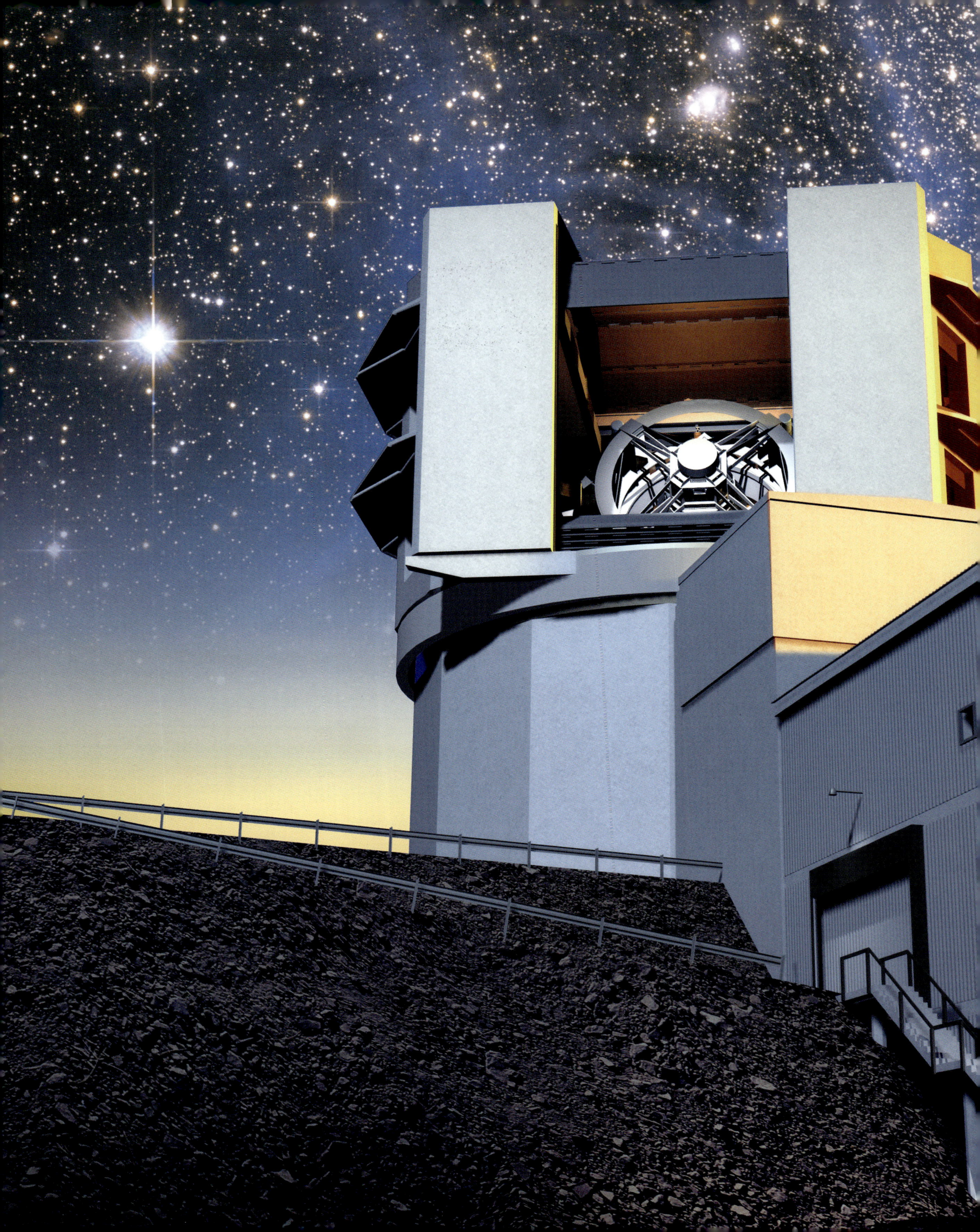

„*In nur wenigen Jahren wird jeder in der Lage sein, den Kosmos am Laptop von zu Hause aus zu erforschen.*“

Das LSST soll pro Nacht dreißigtausend Gigabyte bzw. dreißig Terabyte an Datenmaterial produzieren – eine Flut astronomischer Informationen, die dann, dank einer viel versprechenden Zusammenarbeit mit Google in Echtzeit verarbeitet, analysiert und verwaltet werden wird. Die Ergebnisse werden der Öffentlichkeit zur Verfügung gestellt werden, so dass in nur wenigen Jahren jeder in der Lage sein wird, selbst ins Universum zu reisen und den Kosmos von zu Hause aus, am Laptop, zu erforschen.

Himmelsüberwachung

Das *Large Synoptic Survey*-Teleskop, das 2015 in Betrieb genommen werden soll, wird das bis dato größte und leistungsstärkste Beobachtungsinstrument überhaupt sein. Doch auch vor seiner Fertigstellung können Astronomen schon von einer Reihe weiterer astronomischer Überwachungsteleskope profitieren, wie z.B. dem Pan-STARRS auf Hawaii – vier 1,80 m große Teleskope, die Asteroiden im Anflug auf die Erde entdecken sollen – und dem *Discovery Channel*-Teleskop des Lowell-Observatoriums. Dieses leistungsstarke, vom amerikanischen Dokumentationssender *Discovery Channel* finanzierte Instrument, soll im Jahre 2010 den Betrieb aufnehmen.

EINE GRAFIK DES LARGE SYNOPTIC SURVEY-TELESKOPS

Der Gipfel des Cerro Pachón im Norden Chiles wurde als Standort für das zukünftige *Large Synoptic Survey* Telescope (LSST), hier als Computergrafik abgebildet, ausgewählt. Das LSST, mit seinem 8,40 Meter großen Spiegel, seinem großen Gesichtsfeld und einer riesigen Digitalkamera soll den Nachthimmel in jeder dritten Nacht unermüdlich nach kurzlebigen Phänomenen und schnell beweglichen Objekten wie Supernova-Explosionen und vorbeifliegenden Asteroiden absuchen. LSST soll 2015 in Betrieb genommen werden.

5 DAS UNSICHTBARE SICHTBAR MACHEN

DER KONUSNEBEL NGC2264

Bei den strahlenden rosa und roten Punkten, etwa in der Mitte dieser erstaunlichen Fotografie, handelt es sich um gerade entstandene Sterne, die erst 100.000 Jahre alt sind. Sie befinden sich im Konusnebel, einem Sternentstehungsgebiet im Sternbild des Einhorns. Dichte Staubschichten verdunkeln diese jungen Sternen auf normalen Fotografien, sind aber in dieser Infrarotaufnahme des Spitzer-Weltraumteleskops klar zu erkennen.

Das Universum ist ein dunkler Raum, über den sich ein paar Sterne, Nebel und Galaxien verteilen – zumindest erscheint es dem Beobachter so, der allein auf das optische Licht angewiesen ist. Doch wenn man andere Arten des Spektrums berücksichtigt, die für unsere Augen unsichtbar sind, ändert sich das Bild schlagartig: Da gibt es interstellare Wasserstoffwolken, die Radiowellen emittieren; Sternenentstehungsgebiete, die im Infrarotlicht glühen; explosive Helligkeitsausbrüche von Gamma-Strahlen und das allgegenwärtige Hintergrundrauschen des Urknalls, das von der fast vierzehn Milliarden Jahren andauernden kosmischen Expansion verdünnt wurde. Aber wie finden Astronomen etwas über das unsichtbare Universum heraus? Indem sie Teleskope und Sensoren bauen, die das Unsichtbare sichtbar machen können.

„Das Studium des Universums allein im sichtbaren Licht ist vergleichbar mit dem Hören eines Konzerts mit eingeschränktem Hörvermögen."

Beim Hören ihrer Lieblingsmusik können Sie das gesamte Klangspektrum, angefangen beim tiefsten Dröhnen der Bässe bis hin zum allerhöchsten Triller wahrnehmen. Wenn Ihre Ohren aber nur für einen winzigen Teil des hörbaren Frequenzbereichs empfänglich wären, dann würde Ihnen ein Gutteil der Aufführung entgehen. Dasselbe Problem hatten die Astronomen, als Sie noch auf den optisch sichtbaren Bereich, der für das menschliche Auge wahrnehmbar ist, beschränkt waren; Sie waren für hunderte von Jahren im mittleren Bereich des elektromagnetischen Spektrums eingesperrt.

Das für den Menschen sichtbare Licht besteht aus elektromagnetischen Wellen. Jede Farbe entspricht einer bestimmten Wellenlänge. Rotes Licht hat eine Wellenlänge von ungefähr 700 Nanometern (0,0007 Millimeter). Blaues Licht ist energiereicher, hat eine höhere Frequenz und eine entsprechend kürzere Wellenlänge von ungefähr 400 Nanometern. Das menschliche Auge ist für diesen optischen Farbbereich empfänglich, aber nicht für elektromagnetische Wellen mit längeren oder kürzeren Wellenlängen. Das Universum emittiert Strahlung aller Wellenlängen, daher wäre das Studium des Universums allein im sichtbaren Licht vergleichbar mit dem Hören eines Konzerts mit eingeschränktem Hörvermögen.

Noch vor einem Jahrhundert wusste man über den Großteil der unsichtbaren Strahlung, die uns aus den Tiefen des Weltraums erreicht, so gut wie nichts. Kosmische Radiowellen wurden, zum Beispiel, nur rein zufällig in den dreißiger Jahren entdeckt. Auch wenn einige dieser Wellen dieselbe Frequenz wie die unserer Rundfunksender besitzen, heißt das nicht, dass das Universum Nachrichten an uns aussendet. Radiowellen aus dem All sind überaus schwach und es gibt nichts Besonderes zu hören – wenn man sie in Töne umwandelt, vernimmt man nichts als Knacken und Zischen. Um das „Programm" des Universums empfangen zu können, benötigt man ein Radioteleskop – zumeist eine große Parabolschüssel. Radioteleskope können die Größe von optischen Teleskopen leicht überschreiten, da die Oberfläche des Reflektors aufgrund der längeren Wellenlänge der Radiowellen, nicht so glatt zu sein braucht wie ein optischer Spiegel.

DAS WESTERBORK-SYNTHESE-RADIOTELESKOP

In einer ländlichen Gegend im Nordosten der Niederlande befindet sich das Westerbork-Synthese-Radioteleskop. Dabei handelt es sich um ein aus vierzehn 25 Meter großen Radioantennen bestehendes Interferometer. Die Radioantennen wurden in einer geraden Linie von fast drei Kilometern Länge aufgereiht. Zehn dieser Teleskope sind fest auf der Ost-West-Linie installiert, während vier davon auf Schienen hin und her bewegt werden können. Das Radiointerferometer ist seit 1970 in Betrieb, aber im Jahr 2000 fanden größere Wartungsarbeiten statt. Das Westerbork-Radiointerferometer wird regelmäßig mit anderen Radioteleskopen zu einer so genannten *Very Long Baseline Interferometrie* (VLBI) zusammengeschlossen.

DIE ANTENNEN DES CSIRO AUSTRALIA TELESCOPE COMPACT-INTERFEROMETERS

Das *Australia Telescope Compact*-Radiointerferometer, bestehend aus sechs 22 Meter großen Radioantennen, befindet sich 500 Kilometer nordwestlich von Sydney im australischen Hinterland. Es ist das leistungsfähigste Radiointerferometer auf der Südhalbkugel. Seine Teleskope können über ein Gebiet von sechs Kilometern bewegt werden, um zwischen einem relativ weitwinkligen Gesichtsfeld mit niedriger Auflösung und einer sehr detaillierten Beobachtung eines kleinen Bereichs des Himmels zu wechseln.

Ende der dreißiger Jahre baute ein junger amerikanischer Hobby-Radioastronom, Grote Reber, ein 9,50 m großes Radioteleskop im Garten seiner Mutter in Wheaton, Illinois. Er führte die erste grobe Durchmusterung des Himmels im Radiobereich durch, aus der sich die Milchstraße klar hervorhob. Die niederländischen Astronomen Jan Oort und Henk van de Hulst erkannten sofort das enorme Potential dieser neuartigen Technik: Ein auf die Wellenlänge von 21 Zentimetern abgestimmtes Radioteleskop könnte dazu verwendet werden, die Verteilung von kaltem, neutralem Wasserstoff im Universum ausfindig zu machen. Bald darauf wurden überall auf der Welt große Radioteleskope gebaut, so z.B. das 76 m große Lowell-Teleskop in Jodrell Bank, im Nordwesten Englands, das 1957 fertig gestellt wurde.

DIE TELESKOPE DES VERY LARGE ARRAY

Kurz vor Socorro in Neumexiko befindet sich seit 1980 das *Very Large Array*-Interferometer (VLA), bestehend aus 27 Radioteleskopen, die jeweils 25 Meter groß und ungefähr 230 Tonnen schwer sind. Wie andere Radiointerferometer auch, arbeiten die zu einem Ypsilon angeordneten Teleskope im Verein als ein riesiges Einzelteleskop, indem die Daten aller 27 Teleskope elektronisch miteinander kombiniert werden. Auf der ganzen Welt nutzen Astronomen das VLA zum Studium aller möglichen astronomischen Objekte, angefangen bei Schwarzen Löchern bis hin zu planetarischen Nebeln.

Es ist auch wesentlich einfacher Interferometrie mit Radiowellen zu betreiben und mehrere Radioteleskope miteinander zu verbinden, um wesentlich schärfere Bilder zu erhalten. Das *Very Large Array* im amerikanischen Neumexiko, zum Beispiel, besteht aus 27 Antennenschüsseln, die jeweils einen Durchmesser von 25 Metern besitzen. Radioastronomen können selbst einzelne Teleskope miteinander verbinden, die sich auf unterschiedlichen Kontinenten befinden. Diese Methode, die so genannte *Very Long Baseline Interferometry* (VLBI), hat einige der detailreichsten Beobachtungsergebnisse in der Geschichte der Astronomie hervorgebracht.

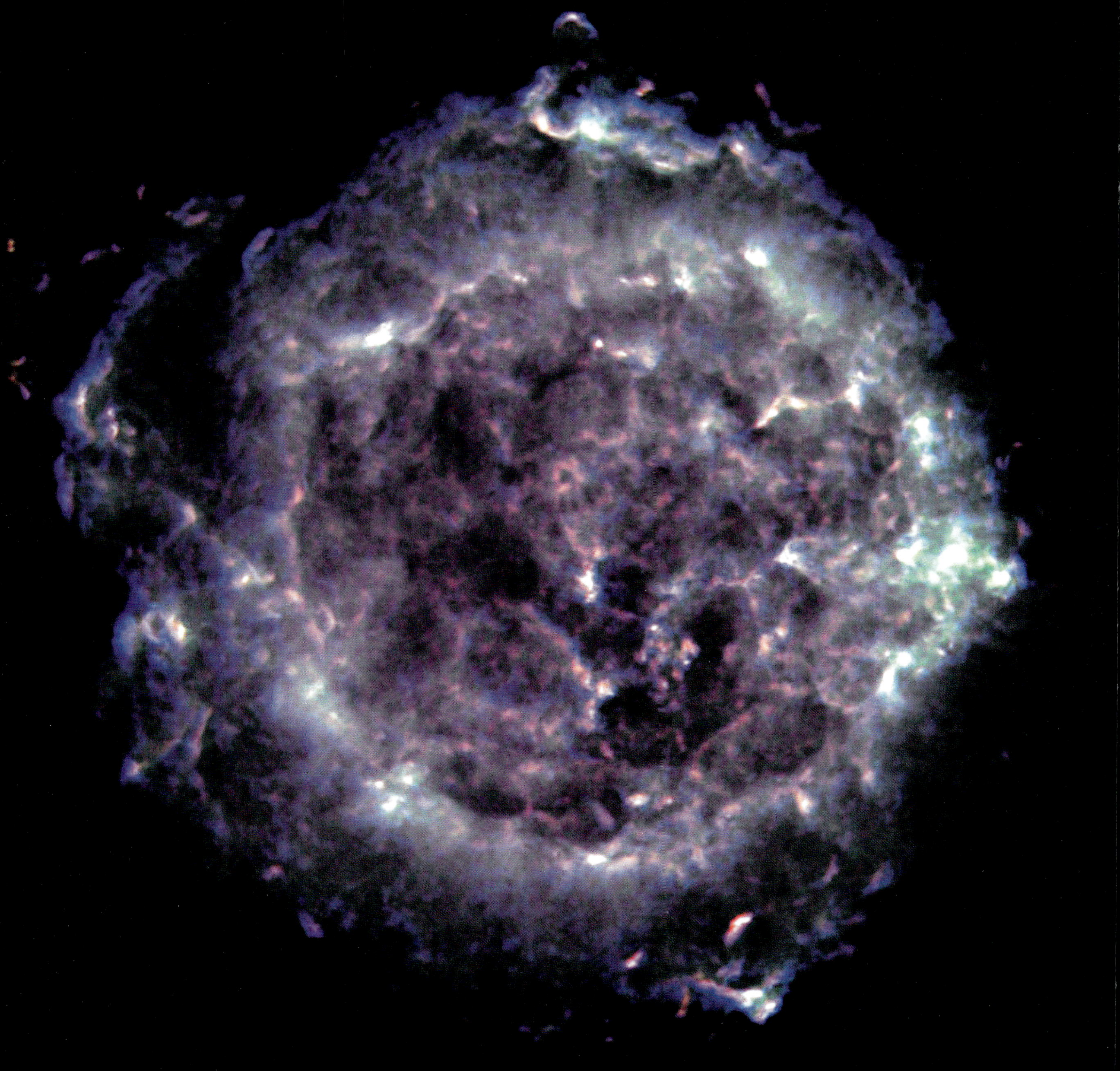

RADIOAUFNAHME KASSIOPEIAS

Kassiopeia A ist ein Überrest einer Supernova-Explosion, die sich in unserer Milchstraße vor über 300 Jahren, in einer Entfernung von ungefähr 11.000 Lichtjahren ereignete. Diese Radio-Aufnahme von Kassiopeia A, die das abgestoßene Material als leuchtende Filamente darstellt, wurde vom *Very Large Array* in Neumexiko erstellt.

Die Zerlegung des Lichts

Elektromagnetische Strahlung besteht nicht allein aus sichtbarem Licht. Radiowellen, Infrarot- (s. oben) und UV-Strahlung, Röntgenstrahlung und Gamma-Strahlen sind weitere Aspekte desselben Phänomens. Selbst das sichtbare Licht kann noch in weitere Wellenlängen zerlegt werden. Weißes Licht, zum Beispiel, enthält alle Farben des Regenbogens – das wird sichtbar, wenn Sonnenlicht auf eine Scherbe oder auf die winzigen Rillen in der Oberfläche einer DVD trifft.

Astronomen zerlegen, unter Verwendung ähnlicher Methoden (Prismen und optische Gitter) routinemäßig das Licht von Sternen, Nebeln und Galaxien in ein so genanntes Spektrum. Ein Spektrum ist ein Graph, der die in verschiedenen Wellenlängen erhaltene Energiemenge aufzeigt. Ein glühendheißes Objekt wie die Sonne, gibt Licht jeder Wellenlänge ab, aber mit einer Verteilung, die von der Temperatur des Objekts abhängt. Extrem heiße Sterne emittieren mehr blaues als gelbes oder rotes Licht. Sehr kalte Sterne emittieren den größten Teil ihres sichtbaren Lichts im roten Bereich des elektromagnetischen Spektrums. Das Maximum der Energieverteilung für Sterne mittlerer Temperatur, wie unsere Sonne, liegt etwa in der Mitte des sichtbaren Bereichs des Spektrums, wodurch das Sonnenlicht eine ungefähr gleichmäßige Farbenmischung besitzt, daher erscheint es uns weiß.

Heißes Gas strahlt ein ganz anderes Spektrum ab. Die Struktur jedes einzelnen Gasatoms bestimmt die Energien, die abgestrahlt werden können, so dass ein heißes Gas Licht nur bei ganz bestimmten, charakteristischen Wellenlängen emittiert, die dem Astronomen seine chemische Zusammensetzung verraten. So emittiert heißes Natriumgas stark im orangen Bereich des Spektrums, wie man an den Straßenlaternen mit Natriumdampf-Hochdrucklampen erkennen kann. Kühlere Gase absorbieren auch Licht in denselben charakteristischen Wellenlängen, so dass das Spektrum eines Sterns in manchen Wellenlängenbereichen scheinbar schwächer ist als erwartet, da die Gase, die sich in der Atmosphäre des Sterns befinden, Licht absorbieren.

Die im 19. Jahrhundert entwickelte Spektroskopie ist inzwischen ein unentbehrliches Werkzeug der Astronomie. Ein wichtiges Anwendungsgebiet dafür bietet die Dynamik der Sterne. Der optische Doppler-Effekt – ein Effekt ähnlich der hörbaren Veränderung der Tonhöhe, wenn eine Polizeisirene sich auf einen zu oder von einem weg bewegt – verschiebt die Wellenlängen bestimmter wohlbekannter Spektrallinien um einen Wert, der von der Relativgeschwindigkeit des emittierenden Objekts abhängt. Astronomen können anhand des genauen Betrags der Wellenlängenverschiebung die Radialgeschwindigkeit und Rotationsrate von Sternen und Galaxien bestimmen. Es ist sicherlich nicht übertrieben zu behaupten, dass man die Expansion des Universums ohne die Spektroskopie nicht entdeckt hätte.

In allen Wellenlängenbereichen des elektromagnetischen Spekrums ist die Spektroskopie von besonderer Bedeutung, da sie in der Lage ist, die chemische Zusammensetzung ferner astronomischer Objekte zu offenbaren – etwas wovon die Astronomen Anfang des 19. Jahrhunderts nicht einmal zu träumen wagten.

„ALMA wird das größte – und am Höchsten gelegene – astronomische Observatorium sein, das je gebaut wurde."

DAS ALMA-INTERFEROMETER

In dieser Computergrafik sieht man einige der geplanten 66 Teleskope des *Atacama Large Millimeter Array* (ALMA), das sich in 5000 Metern Höhe auf dem Chajnantor-Hochplateau in Chile, im Bau befindet. Die einzelnen Teleskope sollen mit Hilfe von riesigen Lastwagen in verschiedene Gruppierungen bewegt werden können, um auf diese Weise unübertroffene Beobachtungen ferner Galaxien oder relativ nah gelegener Sternentstehungsgebiete im Millimeterwellenbereich zu erzielen.

Wie sieht denn nun das Radiouniversum aus? Unsere Sonne erscheint gleißend hell im Radiowellenlängenbereich und ebenso hell strahlt der Kern unserer Milchstraße. Wasserstoffwolken, die sich in den Spiralarmen der Milchstraße und anderer Galaxien befinden leuchten bei der besonders interessanten Wellenlänge von 21 Zentimetern auf. Rätselhafte Pulsare produzieren kurze Impulse im Radiowellenbereich. Dabei handelt es sich um besonders dichte tote Sterne, die sich alle paar Sekunden um sich selbst drehen und dabei, ähnlich wie Leuchttürme, einen rotierenden Lichtstrahl aussenden. Eine besonders helle Radioquelle namens Cassiopeia A ist tatsächlich der Überrest einer Supernova, die im 17. Jahrhundert explodierte. Centaurus-A, Cygnus-A und Virgo-A sind allesamt gigantische Galaxien, die gewaltige Mengen an Radiowellen abstrahlen und von Massiven Schwarzen Löchern in ihren Kernen angetrieben werden. Einige dieser Radiogalaxien und Quasare sind so energiereich, dass ihre Radiowellen noch im Abstand von zehn Milliarden Lichtjahren durch den leeren Raum erfasst werden können.

Ein schwaches Radiorauschen kurzer Wellenlänge erfüllt das gesamte Universum. Dieses, als Kosmische Hintergrundstrahlung bekannte Rauschen, ist das Echo des Urknalls – der Nachhall der Schöpfung. Die Strahlung entstand in Wirklichkeit etwa 400.000 Jahre nach der Geburt des Universums, als energiereiches, sichtbares Licht, das allerdings bis heute so stark verdünnt und von der kosmischen Expansion gestreckt wurde, dass es nur noch im Radiobereich nachweisbar ist. Obwohl man die Kosmische Hintergrundstrahlung am besten vom Weltraum aus vermessen kann, konnten auch gründliche Studien mit speziell dafür entworfenen Teleskopen in Chile und der Antarktis durchgeführt werden.

Jeder einzelne Bereich des elektromagnetischen Spektrums hat seine eigene Geschichte. Im Millimeter- und Submillimeterbereich studieren Astronomen die Entstehung der ersten Galaxien im frühen Universum und den Ursprung der Sterne und Planeten in unserer Milchstraße. Ein Großteil der Strahlung wird von Wasserdampf in der Atmosphäre absorbiert und daher müssen solche Beobachtungen in trockenen Höhenlagen durchgeführt werden.

Astronomie der Extreme

Das sich im Norden von Chile im Bau befindende *Atacama Large Millimeter Array* (ALMA), ist das größte Observatoriumsprojekt der bodengebundenen Astronomie und, möglicherweise auch das anspruchsvollste. Der Bau und Betrieb dieses Systems von 64 Antennen in einer Höhe von 5000 Metern über dem Meeresspiegel, wo der Sauerstoffgehalt nur halb so hoch wie auf Meeresspiegelhöhe ist, stellt eine noch nicht da gewesene Herausforderung dar. Dem Personal vor Ort wird ein unter Druck stehender Arbeitsbereich zur Verfügung gestellt werden, um Kopfschmerzen und Übelkeit zu verhindern. Normalerweise aber wird ALMA aber von einem Basislager aus, in einer Höhe von „nur" 3000 Metern ferngesteuert werden.

In Llano de Chajnantor, zum Beispiel. Auf dem surreal anmutenden Hochplateau in 5000 Metern Höhe, im Norden Chiles, wird gegenwärtig das Experiment ALMA (*Atacama Large Millimeter Array*) aufgebaut, das Ergebnis einer europäisch-amerikanisch-japanischen Kooperation. Vierundsechzig Antennen werden an dieser Stelle zusammenarbeiten, während große Lastwagen die 100 Tonnen schweren Antennenschüsseln mit Millimeterpräzision bewegen. Die Schüsseln können dabei sowohl über ein Gebiet in der Größe von London ausgebreitet werden, um so detailliert wie möglich zu beobachten, als auch eng zusammengestellt werden, um so ein größeres Gebiet des Himmels zu erfassen. Zum Zeitpunkt seiner Fertigstellung im Jahre 2014 wird ALMA das größte – und am Höchsten gelegene – astronomische Observatorium sein, das je gebaut wurde.

„Diese Instrumente sehen einfach durch kalte kosmische Staubwolken hindurch, um so neugeborene Sterne zum Vorschein zu bringen, die andernfalls unsichtbar blieben."

DAS MAGIC-TELESKOP

Im Roque de los Muchachos-Observatorium auf der kanarischen Insel La Palma, erkennt man im nächtlichen Nebel Dutzende von Laserstrahlen, die zur präzisen Ausrichtung der einzelnen Spiegelmodule des 17 Meter großen MAGIC-Teleskops benutzt werden. MAGIC (*Major Atmospheric Gamma Imaging Cherenkov*) erfasst das extrem schwache Leuchten in der Luft, das entsteht, wenn energiereiche kosmische Gammastrahlen Teilchenschauer in der Erdatmosphäre produzieren. 2008 wurde ein identisches zweites Teleskop fertig gestellt, das eine stereoskopische Beobachtung der Teilchenschauer ermöglicht.

Das Universum leuchtet auch im Infrarotbereich. Diese „Wärmestrahlung" wurde von Friedrich Wilhelm Herschel entdeckt. Sie wird von Objekten bei Raumtemperatur abgestrahlt. Auf der Erde kann man das Infrarotlicht durch Nachtsichtgeräte oder -kameras sichtbar machen; um jedoch die schwache Infrarotstrahlung aus dem All zu studieren, benötigen Astronomen hochempfindliche Detektoren, die auf knapp oberhalb des absoluten Nullpunkts herunter gekühlt werden.

Heutzutage verfügt fast jedes große optische Teleskop auch über Thermographiekameras und Spektrographen. Diese Instrumente sehen einfach durch kalte kosmische Staubwolken hindurch, um so neugeborene Sterne zum Vorschein zu bringen, die andernfalls unsichtbar blieben. Sternenkinderstuben, wie jene, die sich in den Tiefen des Orionnebels und des Adlernebels versteckt halten, können im Infrarotbereich bis auf das kleinste Detail studiert werden. Infrarot-Teleskope können auch die Wärmestrahlung von Sterne umkreisenden Staubscheiben registrieren – dort wo neue Planeten entstehen. Im Infrarotlicht kann man auch besonders gut weit entfernte Galaxien studieren. Obwohl deren junge Sterne hell im ultravioletten Bereich leuchten, ist ihre energetische Strahlung seit Milliarden von Jahren im expandierenden Universum unterwegs, bevor sie die Erde erreicht und ihre Wellenlänge ist daher in den Infrarotbereich gestreckt worden.

Und wie steht es mit der sehr hochenergetischen elektromagnetischen Strahlung, wie der UV-Strahlung oder der Röntgenstrahlung? Glücklicherweise wird der größte Teil der schädlichen Strahlung durch die Erdatmosphäre blockiert. Die wenigen ultravioletten Strahlen der Sonne, die uns erreichen, können Hautkrebs verursachen, doch energiereiche Ausbrüche von Röntgenstrahlung können sogar töten. Kosmische Gamma-Strahlung – die energiereichste in der Natur vorkommende elektromagnetische Strahlung – produziert beim Auftreffen auf die obere Atmosphäre ganze Kaskaden hochenergetischer Teilchen. Diese Teilchen verursachen wiederum ein nur sehr schwaches Leuchten am Nachthimmel, das man mit so eleganten Instrumenten, wie dem MAGIC-Teleskop auf La Palma beobachten kann.

DAS PIERRE AUGER-OBSERVATORIUM

Das Pierre Auger-Observatorium in der argentinischen Pampa Amarilla besteht aus sechzehnhundert whirlpoolgroßen Wassertanks, die sich über eine Fläche von 3000 Quadratkilometern verteilen. Diese Wassertanks, wie der hier abgebildete, sind Teil eines Oberflächendetektors für hochenergetische Teilchen, die entstehen, wenn kosmische Strahlen in die Erdatmosphäre eindringen. Die offizielle Eröffnung des Observatoriums, das nach dem französischen Kernphysiker und Spezialisten für kosmische Strahlung Pierre Auger benannt wurde, fand Mitte November 2008 statt.

„Trillionen Neutrinos passieren in jeder Sekunde unseren Körper.“

Mit Teleskopen wie MAGIC beobachtet man keine Strahlung, sondern sammelt Teilchen ein: Die Spuren energiereicher Teilchen aus der Tiefe des Weltraums – Elektronen und Atomkerne, die auf noch unbekannte Weise beinahe auf Lichtgeschwindigkeit beschleunigt werden. Diese kosmische Strahlung stammt wahrscheinlich aus entfernten Supernovae und Schwarzen Löchern und produziert bei Kollision mit den Atomkernen in der Atmosphäre Schauer von Sekundärteilchen. Das Pierre Auger-Observatorium in Argentinien – benannt nach dem französischen Physiker, der sich als einer der Ersten mit der Erforschung der kosmischen Strahlung befasste – sieht nicht einmal mehr wie ein Teleskop aus, sondern besteht aus 1600 Stationen, die über eine Fläche von über 3000 Quadratkilometern verteilt sind.

Handelt es sich bei Neutrino-Detektoren wirklich noch um Teleskope? Eins ist sicher, sie *beobachten* das Universum. Neutrinos sind schwer nachweisbare Teilchen, die in der Sonne, bei Supernova-Explosionen und während des Urknalls erzeugt wurden. Da Neutrinos aber kaum mit normaler Materie wechselwirken, können sie problemlos die Erde durchdringen. Trillionen Neutrinos passieren in jeder Sekunde unseren Körper. Aus diesem Grunde müssen Neutrino-„Teleskope“ enorm groß sein, um auch nur ein einziges Neutrino-Ereignis ausmachen zu können. Diese Detektoren befinden sich, zum Schutz vor äußeren Einflüssen, in ehemaligen unterirdischen Minen, unter der Oberfläche von Ozeanen oder auch im Eis der Antarktis.

Auf der Suche nach kosmischer Strahlung

Die kosmische Strahlung wurde vom österreichischen Physiker Victor Franz Hess während eines Höhenballonflugs im Jahre 1911 entdeckt, aber der Ursprung dieser energiereichen Teilchen stellt seit Jahrzehnten ein Rätsel dar. Da die unregelmäßigen interstellaren Magnetfelder die Strahlung wiederholt ablenken, kann man die Teilchen nicht einfach an ihren Ausgangspunkt zurückverfolgen. Während der Großteil der kosmischen Strahlung wahrscheinlich durch Schockwellen in den Überresten von Supernova-Explosionen entstehen, konnte erst kürzlich das Pierre Auger-Projekt nachweisen, dass die höchstenergetischen Teilchen aus der unmittelbaren Umgebung supermassiver Schwarzer Löcher in den Kernen entfernter Galaxien stammen.

„‚Teleskope‘ wie LIGO suchen nach winzigen Wellen in der Raumzeit selbst.“

Astronomen und Physiker haben sich auch zum Bau von Gravitationswellendetektoren zusammengetan. Unter Verwendung von Laserinterferometrie, hochpräzisen Spiegeln und luftleeren Röhren von mehreren Kilometern Länge, suchen diese „Teleskope“ nach winzigen Wellen in der Raumzeit selbst. Diese Gravitationswellen werden von der Allgemeinen Relativitätstheorie Albert Einsteins vorhergesagt, sind aber bisher nicht direkt nachgewiesen worden. Doch man hofft, dies nachholen zu können, sobald das Laser-Interferometer Gravitationswellen-Observatorium (LIGO), im Jahre 2013 den Betrieb aufnimmt.

Die Astronomen haben aus dem gesamten Spektrum der elektromagnetischen Strahlung, mit einer erstaunlichen Vielfalt an Instrumenten, Nutzen gezogen und sich mit dem Bau von Detektoren für kosmische Strahlen und Gravitationswellen, sogar über das elektromagnetische Spektrum hinausgewagt. Doch manche Beobachtungen können selbst mit den besten und technisch ausgeklügelsten Instrumenten nicht von der Erde aus vorgenommen werden. An diesem Punkt kommen dann die Weltraumteleskope ins Spiel.

Beweis durch Pulsare

Gravitationswellen – winzige Wellen in der Raumzeit, die durch die starke Beschleunigung gewaltiger Massen entstehen – konnten bisher nicht direkt nachgewiesen werden, doch ihre Existenz wird von niemandem bezweifelt. 1974 entdeckten die amerikanischen Physiker Joseph H. Taylor und Russell A. Hulse mit Hilfe des 300 m großen Arecibo-Radioteleskops in Puerto Rico zwei Pulsare in einem Doppelsternsystem: PSR 1913+16. Der Zeitraum, den die beiden Pulsare benötigen, um sich zu umkreisen, wird allmählich immer kürzer, was wahrscheinlich an der Emission von Gravitationswellen liegt: Der Energieverlust stimmt haargenau mit der Vorhersage von Einsteins Allgemeiner Relativitätstheorie überein. Im Jahr 1993 erhielten Taylor und Hulse für ihre Entdeckung gemeinsam den Nobelpreis für Physik.

Teleskope belauschen das versteckte Universum

Das auf natürliche Weise entstandene schüsselförmige Tal in der Nähe der puertoricanischen Hafenstadt Arecibo wurde in den größten Radioempfänger der Welt verwandelt. Das darin befindliche Radioteleskop ist eines der Bemerkenswertesten, die je gebaut wurden. Der 300-Meter-Reflektor des Arecibo-Observatoriums spielt in der Pulsarforschung und bei der Suche nach außerirdischer Intelligenz (*Search for Extra-Terrestrial Intelligence* = SETI) eine wichtige Rolle. Astronomen haben für die Beobachtung exotischerer kosmischer Licht- und Strahlungsarten besondere Instrumente gebaut, die mit den ersten Fernrohren Galileos wenig gemein haben. Für die zum Studium von Neutrinos, kosmischer Strahlung oder Gravitationswellen ausgestatteten Observatorien, scheint die Bezeichnung „Teleskop" nicht mehr gerechtfertigt zu sein.

DAS ATACAMA PATHFINDER EXPERIMENT

Über dem *Atacama Pathfinder Experiment*-Radioteleskop (APEX) in 5000 Metern Höhe auf dem Chajnantor-Hochplateau in Chile, geht der Vollmond gerade auf. Wissenschaftler hoffen, mit Hilfe der Beobachtungen im Millimeterbereich des APEX, den warmen und kalten Staub in Sternentstehungsgebieten sowohl in unserer Milchstraße als auch in fernen Galaxien des jungen Universums studieren zu können. Sie sind damit in der Lage, Strukturen und Chemie planetarischer Atmosphären, sterbende Sterne und Molekularwolken und sogar die inneren Gebiete von Starburstgalaxien wissenschaftlich zu untersuchen.

DAS JAMES CLERK MAXWELL-TELESKOP

Eine große Membran schützt die Parabolantenne des James Clerk Maxwell-Teleskops (JCMT) vor den rauen klimatischen Bedingungen auf dem Gipfel des Mauna Kea auf Hawaii. Mit seiner 15-Meter-Parabolantenne ist das JCMT das größte astronomische Teleskop der Welt, das allein auf das Studium kosmischer Strahlung im Submillimeterbereich spezialisiert ist. Untersucht werden verschiedene astronomische Strukturen und Objekte, wie z.B. das Sonnensystem, interstellarer Staub und Gas sowie auch weit entfernte Galaxien.

6 JENSEITS UNSERES PLANETEN

ASTRONAUTEN ARBEITEN AM HUBBLE-WELTRAUMTELESKOP

Im Dezember 1999 wurde das Hubble-Weltraumteleskop, das sich in einer Umlaufbahn um die Erde befindet, während einer Wartungsmission mit neuen Gyroskopen, einem neuen Rechner und vielen weiteren Teilen und Instrumenten ausgestattet. Auf dieser Weitwinkelaufnahme gibt unser Heimatplanet einen atemberaubenden Hintergrund ab, während sich die Astronauten Steven Smith und John Grunsfeld gerade vorne am Roboterarm der Raumfähre befinden.

Für ein Teleskop gibt es keinen besseren Ort als den Weltraum. Jenseits der Erdatmosphäre sind Beobachtungen frei von jeglichen Luftturbulenzen und daher sind Teleskop-Aufnahmen von fernen Sternen und Galaxien gestochen scharf. Im Gegensatz zu bodengebundenen Teleskopen kann ein Weltraumteleskop vierundzwanzig Stunden am Tag arbeiten und jeden Abschnitt des Himmels erreichen. Vom Weltraum aus ist es auch möglich Strahlungsarten zu studieren, die ansonsten von der Erdatmosphäre absorbiert werden. Da nimmt es nicht Wunder, dass das Hubble-Weltraumteleskop einen solch wichtigen Beitrag zur Astronomie leisten konnte. Und nicht nur Hubble: Seit den sechziger Jahren hat man mehr als 100 Weltraumobservatorien ins All gebracht.

JUNGE STERNE SCHAFFEN GASSKULPTUREN DURCH GEWALTIGE STRÖMUNGEN

Frei von atmosphärischen Störungen hat das Hubble-Weltraumteleskop Astronomen mit gestochen scharfen Bildern des Universums versorgt. Dieses Bild zeigt, wie die energiereiche Strahlung eines jungen Sternenhaufens die staubhaltige Umgebung erodiert und dabei interessante bogenförmige, zerfetzte Filamente schafft. Dieses Sternentstehungsgebiet befindet sich in 210.000 Lichtjahren Entfernung in der Kleinen Magellanschen Wolke, einer Satellitengalaxie unseres Milchstraßensystems.

Das Hubble-Weltraumteleskop der NASA/ESA-Kooperation, ist in der ganzen Teleskopgeschichte das bei weitem bekannteste. Aus gutem Grund: Es hatte umwälzende Konsequenzen für jedes Gebiet der Astronomie. An dem heutigen Standard gemessen, ist der Hubble-Hauptspiegel klein: Er misst nur 2,40 Meter im Durchmesser. Doch sein Standort ist – buchstäblich – nicht von dieser Welt. Hubble hat dort oben den denkbar besten Ausblick auf das Universum, jenseits möglicher Bildeintrübungen durch die Atmosphäre. Hinzu kommt noch, dass Hubble Nahinfrarot- und UV-Strahlung beobachten kann, die den Erdboden nicht erreicht. Seine Kameras und Spektrographen, die teilweise die Größe einer Telefonzelle erreichen, zerlegen und registrieren das Licht ferner kosmischer Oasen.

Wie die bodengebundenen Teleskope, kann auch Hubble nachgerüstet werden. Es wurde im April 1990 in eine relativ niedrige Erdumlaufbahn gebracht, wo es für NASAs Raumfähren leichter zugänglich ist. Seither sind alle paar Jahre Astronauten im Weltraum unterwegs, um das Weltraumteleskop zu warten: Defekte Teile werden repariert oder ersetzt und ältere Instrumente gegen neuere, topmoderne Detektoren ausgetauscht. Hubble ist zum „Arbeitstier" der beobachtenden Astronomie geworden und hat unser Wissen über den Kosmos vollkommen verwandelt.

Mit Hubble wurden die jahreszeitlichen Wechsel auf dem Mars und ein Durchgang der Saturn-Ringebene beobachtet. Das bei weitem Aufsehen erregendste Ereignis aber war die Beobachtung eines Kometeneinschlags auf den Jupiter im Juli 1994. Die zwanzig Bruchstücke des Kometen Shoemaker-Levy 9 tauchten in die Atmosphäre des riesigen Planeten ein und verbrannten dabei zu gewaltigen Feuerbällen, die große, dunkle Flecken hinterließen. Diese Flecken ließen sich sogar mit einem Amateur-Teleskop erkennen.

Mit Hubble hat man auch den Lebenszyklus von Sternen außerhalb unseres Sonnensystems verfolgen können: Es beobachtete Sterne in ihrer Entstehungs- und Frühphase in staubigen Gaswolken, es wohnte ihrem Sterben und ihrer Verwandlung in grazile Planetennebel bei und sah wie der Sternenstaub allmählich in den Weltraum geblasen wurde - entweder durch andere sterbende Sterne oder durch gewaltige Supernova-Explosionen, die so hell sind, dass sie fast ihre gesamte Heimatgalaxie überstrahlen. Die berühmten „Säulen der Schöpfung" im Adlernebel, haben sich als Wiege zukünftiger Sternengenerationen herausgestellt. Tief im Orionnebel wurde mit Hilfe von Hubble eines der aktivsten Sternentstehungsgebiete entdeckt: aus Staub bestehende, flache Scheiben, die junge Sterne umgeben und sich bald zu Planeten verdichten könnten.

DAS HUBBLE ULTRA DEEP FIELD

In dieser Abbildung des Hubble Ultra Deep Field, der tiefsten Aufnahme des Universums, leuchten fast 10.000 weit entfernte Galaxien auf. Diese Aufnahme, die durch Milliarden Lichtjahre vorgedrungen ist, enthält Galaxien jeden Alters, jeder Größe, Form und Farbe. Die kleinsten, rötesten Galaxien in diesem Bild, gehören zu den am weitesten entfernten, derzeit bekannten Galaxien und existierten also schon als das Universum erst 800 Millionen Jahre alt war.

Hubble's Deep Fields

Am 9. März 2004 veröffentlichten Astronomen der NASA und der ESA ein Foto von den lichtschwächsten bzw. ältesten Galaxien im fernen Universum. Auf diesem Bild fand man nicht weniger als zehntausend Galaxien in Entfernungen von etwa dreizehn Milliarden Lichtjahren. Dieses *Hubble Ultra Deep Field* (s. links) dient den Kosmologen auch heute noch als Fundgrube und bietet eine einzigartige Möglichkeit, die Entwicklung des Universums zu studieren. Die Geschichte des *Hubble Deep Field* begann aber schon viel früher.

Nachdem man die unselige Hauptspiegel-Kurzsichtigkeit des Hubble-Weltraumteleskops korrigiert hatte, beschloss Robert Williams, einen Teil seiner ihm in seiner damaligen Funktion als Direktor des *Space Telescope Science Institute* zur freien Verfügung stehenden Beobachtungszeit, für ein besonderes Studium extrem ferner Galaxien zu verwenden. Die Idee dahinter war ganz einfach: Man hält die Kamera für eine ungewöhnlich lange Belichtungszeit auf einen kleinen „leeren" Flecken am Himmel und schaut, was dabei herauskommt. Das Ergebnis war ein Mosaik aus 342 Einzelbildern eines kleinen Gebiets im Großen Bären, die mit *Hubbles Wide Field and Planetary Camera 2* (WFPC2) über einen Zeitraum von zehn Tagen, im Dezember 1995 aufgenommen wurden. Das Bild (s. oben) brachte etwa dreitausend ferne Galaxien zum Vorschein, von denen sich einige anscheinend in zwölf Millionen Lichtjahren Entfernung befinden.

Dieses erste Hubble Deep Field ist ein Meilenstein in der beobachtenden Kosmologie und wurde zum Maßstab für alle weiteren Folgestudien mit anderen Teleskopen, so z.B. dem James Clerk Maxwell-Teleskop auf der Hawaiianischen Hauptinsel Mauna Kea, dem *Very Large Array*-Teleskop (VLA) im amerikanischen Neumexiko, dem europäischen *Infrared Space Observatory* (ISO) und dem *Chandra X-Ray Observatory* der NASA. Ein ähnliches Projekt wurde im Herbst 1998 mit der so genannten *Hubble Deep Field South*-Beobachtung gestartet, die ein Gebiet des Himmels untersuchte, welches den großen optischen und den Infrarot-Teleskopen auf der Südhalbkugel zugänglich ist. Zusammenfassend kann man berichten, dass diese beiden ursprünglichen *Hubble Deep Fields* bisher Material für hunderte wissenschaftlicher Forschungsberichte über die frühe Evolutionsgeschichte des Universums, die sich entwickelnde Morphologie von Galaxien und die Geschichte der Sternentstehung im Universum geliefert haben.

Als das Hubble-Weltraumteleskop im März 2002 mit seiner neuen und empfindlicheren *Advanced Camera for Surveys* ausgestattet wurde, schien es nur folgerichtig zu sein, damit die *Deep Field*-Studie zu verbessern. Ein kleiner Bereich des Himmels, im südlichen Sternbild des Chemischen Ofens, wurde im Herbst 2003 achthundert Mal für eine Gesamtbelichtungszeit von über elf Tagen beobachtet. Das Ergebnis, das *Hubble Ultra Deep Field*, gilt auch heute noch als die beste Aufnahme des fernen Universums.

„Astronomen wären ohne Weltraumteleskope nicht in der Lage, höher energetische Strahlungsarten nachzuweisen."

Das kurzsichtige Hubble-Weltraumteleskop

Gleich nach dem Start des Hubble-Weltraumteleskops, im Frühjahr 1990, entdeckten die Astronomen und Techniker entsetzt, dass der Hauptspiegel des Weltraumteleskops einen kleinen aber folgeschweren Fehler aufwies. Aus diesem Grund waren alle Bilder von Hubble völlig unscharf. Während der ersten Wartungsmission im Dezember 1993 wurde der Fehler von Astronauten korrigiert, und seitdem hat das Weltraumteleskop mit seiner Leistung alle Erwartungen übertreffen können. Die neueste Kamerageneration enthält eine Technik, die die so genannte sphärische Aberration von vornherein ausgleicht, so dass die optische Korrekturmaßnahme der ersten Wartungsmission nicht mehr benötigt wird.

Tausende Einzelsterne in gigantischen Kugelsternhaufen – die ältesten Sternansammlungen im Universum – wurden mit Hubble studiert. Und Galaxien: Niemals zuvor konnten Astronomen so viele Einzelheiten erkennen. Majestätische Spiralen, absorbierende Staubbahnen, brachiale Zusammenstöße. Extrem lange Belichtungen von leeren Regionen am Himmel, haben tausende schwach leuchtende und Milliarden Lichtjahren entfernte Galaxien enthüllt, indem sie Photonen einfingen, die ausgesendet wurden, als das Universum sozusagen noch in den Windeln lag. Diese so genannten *Hubble Deep Fields* sind Schaufenster in eine ferne Vergangenheit, die den sich ewig verändernden Kosmos in einem ganz neuen Licht erscheinen lassen.

Das Hubble-Teleskop ist nicht allein im All. Das Spitzer-Weltraumteleskop der NASA wurde im August 2003 ins All gebracht und ist eine Art Hubble für Infrarotstrahlung. Das Spitzer-Teleskop besitzt sogar einen noch kleineren Hauptspiegel als Hubble: Er hat einen Durchmesser von nur 85 Zentimetern. Das Teleskop selbst, ausgestattet mit den empfindlichsten Infrarotdetektoren, die jemals im Weltall ausgesetzt wurden, befindet sich in einer Art Vakuumflasche, in der mit Helium-Kryostaten, die Umgebungstemperatur konstant in der Nähe des absoluten Nullpunkts gehalten wird.

Spitzer hat uns ein mit Staub gefülltes Universum enthüllt. Dunkle, undurchlässige Staubwolken, die für optische Wellenlängen unsichtbar bleiben, glühen im Infrarot hell auf, wenn sie von innen erhitzt werden. Aus Galaxienzusammenstößen stammende Schockwellen treiben den Staub zu Spiralarmen oder in Ringe zusammen, die von Orten aktiver Sternentstehung künden. Staub entsteht ebenfalls als Folge des Vergehens eines Sterns. Mit Hilfe von Spitzer hat man herausgefunden, dass planetarische Nebel und Supernova-Überreste mit Staubpartikeln – den Bausteinen zukünftiger Planeten – angefüllt sind. Staub wird sogar in den starken Winden ferner supermassiver Schwarzer Löcher aufgewirbelt. Das Spitzer-Teleskop benutzt spektroskopische Techniken, um die chemische und mineralogische Zusammensetzung dieser kosmischen Staubpartikel zu bestimmen.

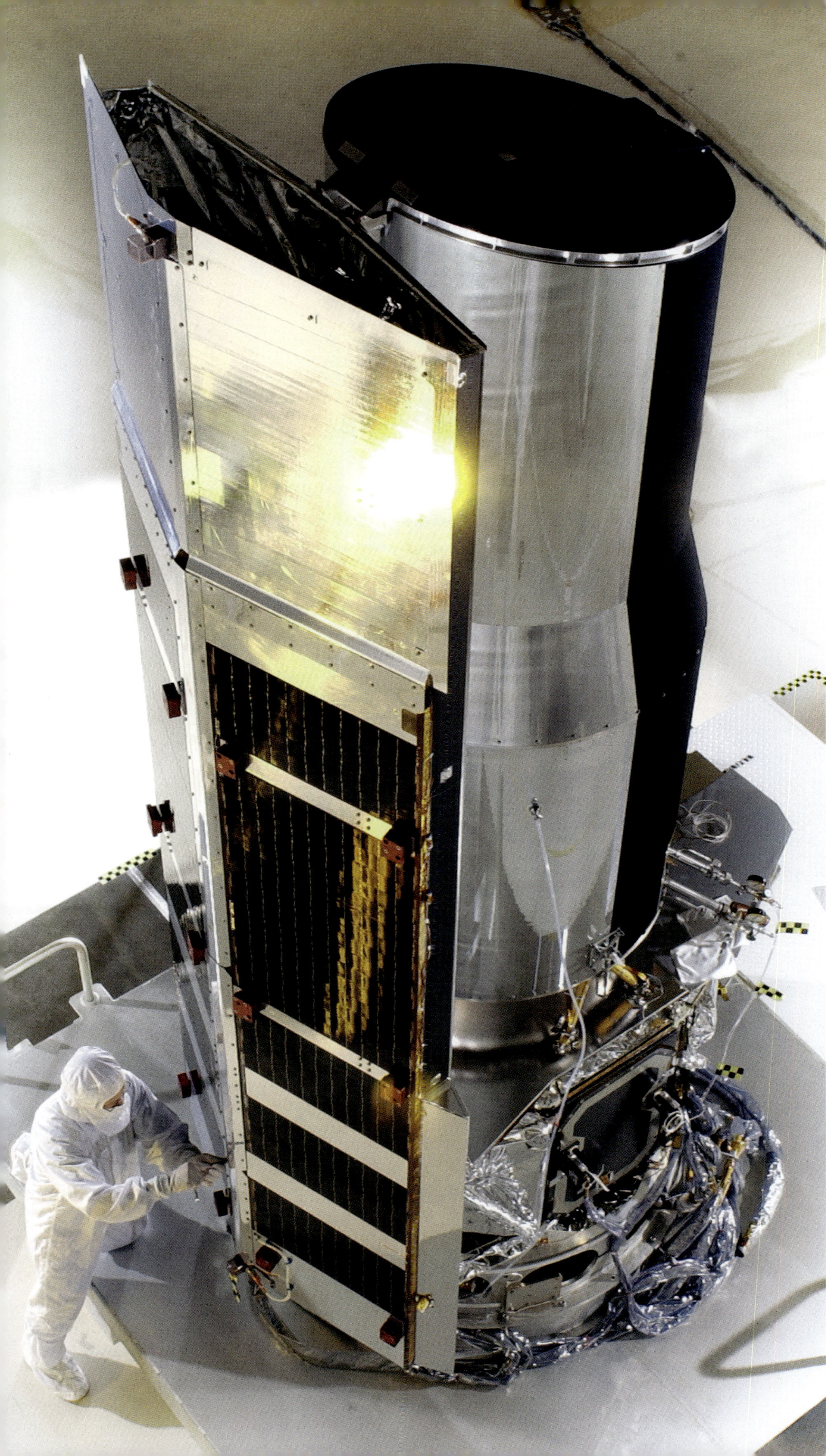

SPITZER IM BAU BEI LOCKHEED MARTIN

Das Spitzer-Weltraumteleskop der NASA, das momentan leistungsfähigste extraterrestrische Infrarotteleskop der Welt, wird hier noch kurz vor seinem Start im August 2003, einer letzten technischen Überprüfung auf dem Gelände der *Lockheed Martin Space Systems* unterzogen. Das 85-Zentimeter-Teleskop befindet sich in einer mit flüssigem Helium gefüllten Flasche, die es konstant kühl hält, damit auch noch schwächste Wärmestrahlung von weit entfernten Exoplaneten, Sternentstehungsgebieten und staubumwölkten Galaxien registriert werden kann.

„Hochenergetische Strahlung geht durch herkömmliche Teleskop-Spiegel einfach hindurch."

In manchen Infrarot-Wellenlängenbereichen kann man auch *durch* diese Staubwolken hindurchsehen und die jungen, in ihren dunklen Kernregionen versteckten Sterne erkennen. Auf diese Weise werden die, ansonsten in dunklen Staub gehüllten Sternentstehungsgebiete, auf einmal sichtbar. Die hochempfindlichen Spektrographen des Spitzer-Teleskops haben auch die Atmosphären von Exoplaneten untersucht, jupiterähnliche Gasgiganten, die ihre Muttersterne in nur wenigen Tagen umkreisen, um die Anwesenheit von Wasserdampf und Natrium in deren brütend heißen Atmosphären nachzuweisen.

Und was ist mit UV-, Röntgen- und Gamma-Strahlung, die von der Erdatmosphäre vollständig absorbiert wird? Astronomen wären ohne Weltraumteleskope nicht in der Lage, diese höher energetischen Strahlungsarten nachzuweisen. Ihr Studium leistet einen wichtigen Beitrag zum Verständnis der urgewaltigen Prozesse, die sich in der Welt heißer Sterne, Supernova-Explosionen, Schwarzer Löcher, zusammenstoßender Galaxien und verschmelzender Galaxienhaufen abspielen. GALEX, ein NASA-Weltraumteleskop für den UV-Bereich des elektromagnetischen Spektrums, das im April 2003 in die Erdumlaufbahn gebracht wurde, beobachtet junge heiße Sterne in mehreren hunderttausend Galaxien. Die Bilder geben Aufschluss darüber, wie sich diese kosmischen Bausteine entwickeln und verändern.

Der Bau von Teleskopen für die Beobachtung von Röntgen- und Gamma-Strahlung ist enorm schwierig. Hochenergetische Strahlung geht durch herkömmliche Teleskop-Spiegel einfach durch und relativ niederenergetische Röntgenstrahlen können nur mit ineinander verschachtelten Spiegelschalen aus purem Gold fokussiert werden. Harte Röntgen- und Gamma-Strahlen werden mit hochkomplizierten Lochkameras oder mit Anordnungen von Szintillationsdetektoren studiert, die kurze Lichtblitze produzieren, wenn sie von einem hochenergetischen Photon getroffen werden. Trotz dieser Schwierigkeiten haben Astronomen schon seit Anfang des Raumfahrtzeitalters Röntgen- und Gamma-Strahlen-Instrumente ins Weltall gebracht. Die ersten Quellen kosmischer Röntgenstrahlen wurden im Jahre 1964 durch einen Geigerzähler an Bord einer Raketensonde entdeckt.

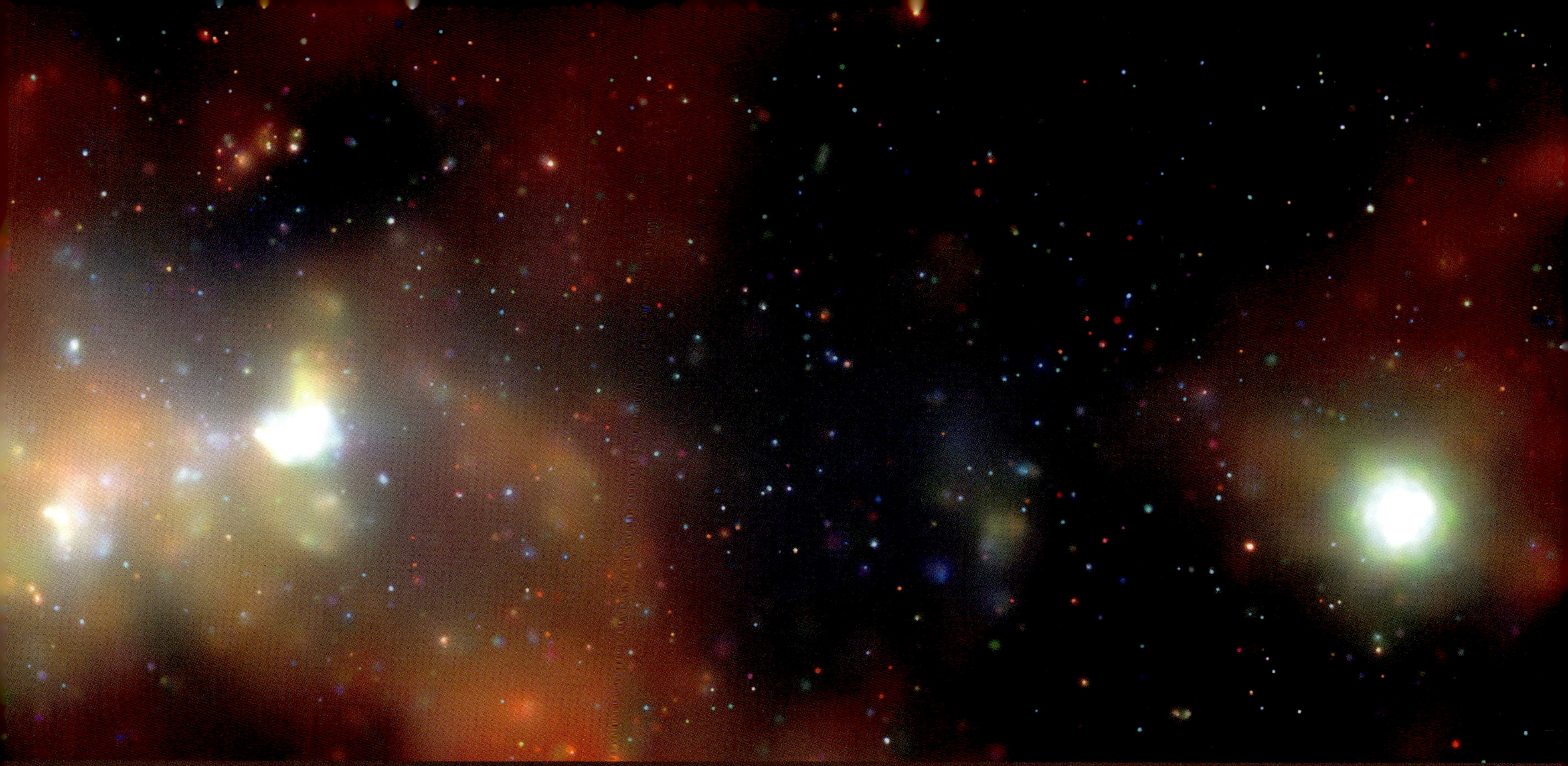

In den vergangenen zehn Jahren hat man moderne Hochenergie-Weltraumteleskope an Bord von Satelliten in die Erdumlaufbahn gebracht. Das *Compton Gamma Ray Observatory* der NASA umkreiste die Erde in den neunziger Jahren. Es war der damals größte und schwerste wissenschaftliche Satellit, der je ins All geschossen worden war: Ein voll ausgestattetes Physiklaboratorium umkreiste die Erde. Es machte Schlagzeilen mit seinen ausführlichen Studien kosmischer Gammastrahlungsblitzen – kurz andauernde, aber gewaltige Energieausbrüche, die zum ersten Mal durch die Satellitenüberwachung des Militärs entdeckt worden waren. Im Jahre 2002 hob die Europäische Weltraumorganisation ihr eigenes Gamma-Strahlen-Observatorium mit dem Namen INTEGRAL in den Weltraum, und im Frühjahr 2008 startete die NASA ihr *Gamma Ray Large Area*-Weltraumteleskop, kurz GLAST genannt.

RÖNTGENBILD AUS DEM ZENTRUM DER MILCHSTRASSE

Hunderte heißer Weißer Zwerge, kompakter Neutronensterne und gefräßiger Schwarzer Löcher blitzen in diesem Röntgenbild der Zentralregion unserer Milchstraße als helle Flecken auf. Das supermassive Schwarze Loch im Zentrum der Galaxie befindet sich innerhalb des hellen weißen Flecks auf der linken Seite dieser Aufnahme. Diese Fotomontage aus Beobachtungen des Chandra-Röntgensatelliten zeigt auch das Hintergrundleuchten eines weißglühenden Nebels aus Millionen Grad heißem Gas.

Die Lokalisierung von Gammastrahlungsblitzen

Die Beobachtungen des *Compton Gamma Ray Observatory* der NASA haben bestätigt, dass Gammastrahlungsblitze, die durchschnittlich ein bis zwei Mal am Tag vorkommen, gleichmäßig über den gesamten Himmel verteilt sind. Jahre lang war den Astronomen die Bedeutung dieser Tatsache nicht klar: Es könnte sich sowohl um ein Phänomen in unserer direkten Nachbarschaft, also in oder nahe bei unserer Milchstraße, als auch um gigantische Explosionen in extrem weit entfernten Galaxien handeln. Dann verwendeten Astronomen 1997 die Daten des italienisch-niederländischen Satelliten Beppo-SAX und beobachteten das erste optische Nachglühen eines Gammastrahlungsblitzes. Sie fanden heraus, dass die Gammastrahlungsblitze tatsächlich in Milliarden Lichtjahren Entfernung stattfinden. Damit hatte man die bei weitem gewaltigsten Explosionen des ganzen Universums entdeckt.

„Heißes Gas leuchtet noch einmal kurz im Röntgenbereich auf, bevor es im Schwarzen Loch für immer verschwindet.“

DIE SÜDLICHE FEUERRAD-GALAXIE

Die ultraviolette Strahlung aus dem Kosmos kann unsere Erdatmosphäre nicht durchdringen. Der *Galaxy Evolution Explorer*-Satellit (GALEX) hat die energiereiche UV-Strahlung in einem Haufen junger Sterne, in bis zu 140.000 Lichtjahren Entfernung vom Zentrum der Südlichen Feuerrad-Galaxie festgestellt. Die GALEX-Beobachtungen, hier in blau und grün dargestellt, sind von denen des *Very Large Array* (rot) überlagert worden, die hier Radiowellen zeigen, die von kühlen Wolken neutralem Wasserstoffs ausgehen.

Inzwischen gibt es auch zwei große Röntgenteleskope im Weltraum. Das *Chandra X-Ray Observatory* der NASA und das *XMM-Newton Observatory* der ESA beobachten die heißesten Orte im Kosmos. Während Chandra Aufsehen erregende Röntgenaufnahmen vom Universum macht, ist das XMM-Newton noch empfindlicher und konzentriert sich auf die Röntgenspektroskopie.

Diese beiden Hochenergie-Weltraumteleskope beobachten Gaswolken, die durch Schockwellen von Supernova-Überresten auf eine Temperatur von mehreren Millionen Grad erhitzt wurden. Sie finden auch Röntgendoppelsternsysteme: Neutronensterne oder Schwarze Löcher, die Materie ihrer Begleitsterne einsaugen. Ebenso können sie supermassive Schwarze Löcher, tief verborgen in den Kernen ferner Galaxien anhand der Röntgenstrahlung heißen Gases, das in sie hineinspiralt, entdecken.

Heißes, aber kaum sichtbares Gas füllt auch den Raum zwischen den einzelnen Galaxien eines Galaxienhaufens. Manchmal wird dieses Gas von den mächtigen Zusammenstößen und Verschmelzungen von Galaxienhaufen durchmischt und noch mehr erhitzt. Das Studium der von dem heißen Gas ausgesendeten Röntgenstrahlung vermittelt uns neue Erkenntnisse über die Entstehung und Entwicklung der Galaxienhaufen und über den Ursprung großräumiger Strukturen im Universum. Die wohl bei weitem höchstenergetischen Ereignisse im Universum sind die Gammastrahlungsblitze: katastrophale Explosionen sich schnell drehender, sehr massiver Sterne. In weniger als einer Sekunde setzen sie mehr Energie frei als die Sonne in zehn Milliarden Jahren.

Alle die hier aufgeführten Teleskope, ob Hubble, Spitzer, Chandra, XMM-Newton, Integral oder GLAST, sind vielseitig verwendbare Großinstallationen. Normalerweise sind Weltraumteleskope aber kleiner und konzentrieren sich nur auf bestimmte Studien. Nehmen Sie zum Beispiel COROT, ein französisches Weltraumteleskop, das sich ausschließlich der Astroseismologie sowie der Suche nach Exoplaneten widmet. COROT, und ebenso die zukünftige NASA-Mission Kepler, studiert planetarische Konjunktionen: kleine, regelmäßige Helligkeitsschwankungen von Sternen, die sich immer dann ereignen, wenn sich ein Planet zwischen der Erde und den Stern stellt und dabei einen Teil des Sternenlichts blockiert.

DER SOMBRERONEBEL, MIT DEM SPITZER-WELTRAUMTELESKOP BEOBACHTET

Das Spitzer-Weltraumteleskop und das Hubble-Weltraumteleskop haben sich hier miteinander verbündet, um diese spektakuläre Aufnahme von einem der beliebtesten astronomischen Objekte, dem Sombreronebel, zu machen. Im sichtbaren Licht erinnert es an einen breitkrempigen mexikanischen Hut, aber im Infrarotbereich sieht die Galaxie eher wie die Mitte einer Zielscheibe aus.

HUBBLE UND CHANDRA-AUFNAHME DES KREBSNEBELS

Der berühmte Krebsnebel im Sternbild Stier, der das Ergebnis einer Supernova-Explosion aus dem Jahre 1054 ist, ist hier aus Daten des Hubble-Weltraumteleskops (in grün und dunkelblau), des Chandra-Röntgenteleskops (in hellblau) und des Spitzer-Weltraumteleskops (in rot) zusammengesetzt worden. Der hellweiße Punkt in der Mitte der Abbildung ist der Überrest eines explodierten Sterns: Ein schnell rotierender und hochenergetischer Neutronenstern mit der Masse unserer Sonne, der aber auf einen Umfang von nur zwanzig Kilometern Durchmesser zusammengequetscht wurde.

„WMAP hat den Kosmologen den bisher besten Blick auf die Geburtsstunde des Universums ermöglicht."

Ein weiteres kleines aber leistungsfähiges Weltraumteleskop ist der NASA-Forschungssatellit *Swift*: Ein Observatorium, mit dem man gleichzeitig Gamma- und Röntgenstrahlung beobachten kann und das zur Lösung des Rätsels der Gammastrahlungsblitze beigetragen hat. Swift lokalisiert ein paar Gammastrahlungsblitze pro Woche. Es kann binnen einer Minute die Position des Gammastrahlungsblitzes ausmachen und sendet die Himmelskoordinaten an Roboter-Teleskope auf der Erde, die dann weiterführende Studien in anderen Wellenlängen ausführen.

Dann gibt es noch WMAP, die *Wilkinson Microwave Anisotropie Probe*. Mit ihrer Hilfe konnte man in weniger als zwei Jahren eine Karte der Kosmischen Hintergrundstrahlung von unerreichter Detailgenauigkeit anfertigen. Winzige Temperaturschwankungen in diesem Nachhall des Urknalls geben Aufschluss über Dichtewellen im frühen Universum, die sich später zu Galaxienhaufen und Superhaufen verdichteten. Zusammen mit den Beobachtungen der gegenwärtigen großräumigen Struktur des Universums und der Expansionsgeschichte des Weltraums, die anhand entfernter Supernovae studiert werden, hat WMAP den Kosmologen den bisher besten Blick auf die Geburtsstunde des Universums vor vierzehn Milliarden Jahren gestattet.

Die Möglichkeit, das elektromagnetische Spektrum zu erforschen und die Grenzen des Weltraums zu überwinden, sind zwei der aufregendsten Erfolge in der Geschichte des Teleskops. Doch das Teleskop ist noch jung und das letzte Kapitel seiner Geschichte noch nicht geschrieben. Was kommt als Nächstes? Finden Sie es im letzten Kapitel unseres Buches heraus, in dem wir einen Blick in die Zukunft wagen.

Großer Spiegel

Für Ende 2008 oder Anfang 2009 ist der Start des Herschel-Teleskops geplant: Ein leistungsstarkes Infrarotweltraumteleskop, das von der Europäischen Weltraumorganisation ESA entworfen und gebaut wurde. Das Herschel-Teleskop, das nach dem Wissenschaftler benannt wurde, der die Infrarotstrahlung entdeckte, besitzt einen 3,50 m großen Hauptspiegel – der größte Spiegel, der je für ein Weltraumteleskop gebaut wurde. Herschel wird sich auf die Beobachtung im fernen Infrarotlicht und im Submillimeterwellenlängenbereich konzentrieren, da in diesen Wellenlängenbereichen noch keine empfindlichen Beobachtungen durchgeführt worden sind. Sein Hauptziel ist es herauszufinden, wie die ersten Galaxien im frühen Universum entstanden sind. Man wird Herschel zusammen mit dem Planck-Teleskop der ESA starten, welches sich der Erforschung der kosmischen Hintergrundstrahlung widmen soll.

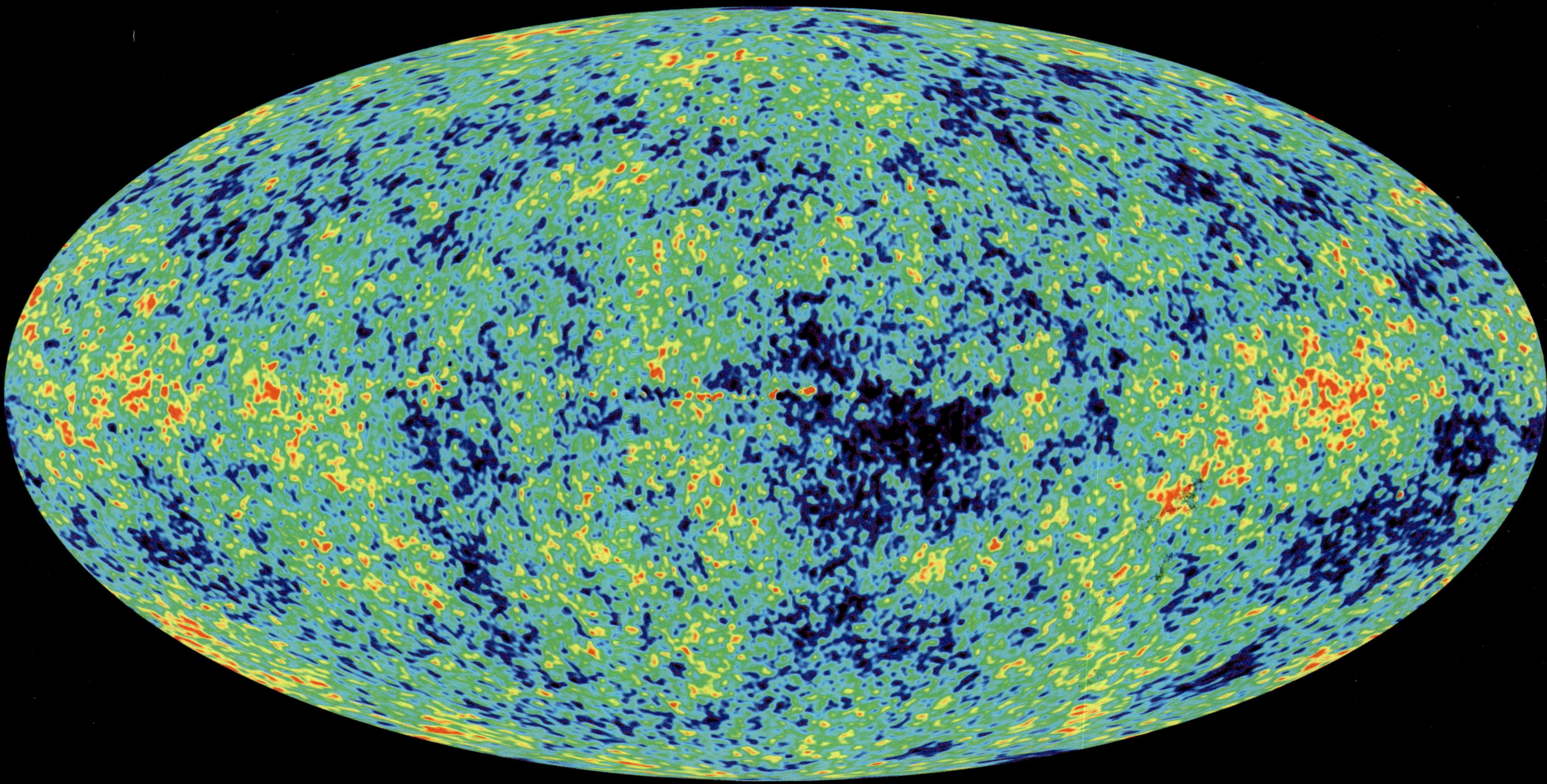

WMAP-SATELLITEN-AUFNAHME DES MIKROWELLENHIMMELS

Auf diesem Bild vom gesamten Himmel sind winzige Temperaturschwankungen des sehr jungen Universums durch farbliche Unterschiede dargestellt. Es ist das Ergebnis aus drei Jahren Datensammlung durch die *Wilkinson Microwave Anisotropy Probe* (WMAP) – eines Satellitenteleskops, das sich ausschließlich der 13,7 Milliarden Jahre alten kosmischen Hintergrundstrahlung widmete. Die Temperaturschwankungen entsprechen kleinen Dichtevariationen, die später zu Galaxien und Haufen zusammenwuchsen.

Weltraumteleskope

Es ist sehr teuer, Weltraumteleskope zu bauen und diese in den Weltraum zu befördern, doch sprechen die Ergebnisse für sich: Die Astronomen sind dadurch in der Lage in Bereiche des Nachthimmels zu blicken, von denen sie nicht einmal zu träumen gewagt hätten. Diese Art von Teleskope erlaubt den Blick auf astronomische Objekte ohne atmosphärische Störungen und den ungehinderten Zugang zu Strahlungsarten, die man von der Erde aus nicht beobachten kann: Röntgenstrahlen, Infrarotstrahlung, UV-Licht und noch mehr. Die Beobachtungen mit diesen Teleskopen, bieten uns unvergleichliche Einblicke in kaum bekannte Phänomene, die sich in der Tiefen des Universums abspielen.

7 WAS BRINGT DIE ZUKUNFT?

DAS EUROPEAN EXTREMELY LARGE TELESCOPE

Der Hauptspiegel des geplanten *European Extremely Large Telescope* (E-ELT), mit seinen 42 Metern Durchmesser, besteht aus vielen hunderten Einzelfacetten. Wenn es 2017 in Betrieb genommen wird, wird E-ELT das größte bodengebundene Teleskop für Beobachtungen im optischen und Nahinfrarotbereich sein.

Seit vierhundert Jahren dient uns das Teleskop als Fenster zum Universum. Ein Geschenk des Himmels, das der Wissenschaft einen unvergleichlichen Einblick in die Welt der Planeten, Sterne und Galaxien aus unserer unmittelbaren Nachbarschaft bis an die äußersten Grenzen von Raum und Zeit bietet. Doch trotz ihrer unglaublichen Leistungen lassen sich selbst die modernsten und leistungsfähigsten Teleskope noch verbessern. Alle Astronomen wollen buchstäblich ständig ihren Horizont erweitern. In diesem abschließenden Kapitel werfen wir einen Blick auf die kommende Instrumentengeneration – die überragenden bodengebundenen Teleskope und Weltraumobservatorien der Zukunft. Eines ist gewiss: Es gibt noch viel zu entdecken.

EINE COMPUTERGRAFIK DES GIANT MAGELLAN-TELESKOPS

Diese sieben 8,40 Meter großen und wie Blütenblätter einer Blume angeordneten Spiegel sind Bestandteil des *Giant Magellan Telescope*, das im chilenischen Cerro Las Campanas entstehen soll. Die Spiegel werden zusammen die Empfindlichkeit und das

„Beinahe fünfhundert Einzelfacetten soll der Spiegel enthalten, der in etwa die Höhe eines siebengeschossigen Gebäudes erreichen wird."

Seit dem Bau der ersten Fernrohre durch Jan Lipperhey vor vierhundert Jahren, haben wir es weit gebracht. Und die beobachtende Astronomie hat ihr Ende noch lange nicht erreicht. Das Beste kommt noch.

Der erste Spiegelrohling für das *Giant Magellan Telescope* (GMT) ist bereits im Spiegellaboratorium der University of Arizona gegossen worden. Dieses gigantische Instrument wird dereinst Teil des chilenischen Las Campanas-Observatoriums werden, zu dem bereits die beiden 6,50 Meter großen Magellan-Teleskope gehören. Das GMT wird nach Fertigstellung aus nicht weniger als sieben Hauptspiegeln bestehen, die wie die Blütenblätter einer Blume angeordnet sein werden und von denen jeder einen Durchmesser von über acht Metern besitzen wird. Zusammen werden sie soviel Licht einfangen können wie ein Spiegel von 21,50 Metern Durchmesser und praktisch das Auflösungsvermögen eines Giganten von 24,50 Metern Durchmesser erreichen. Die Fertigstellung ist für 2016 geplant.

Das kalifornische *Thirty Meter Telescope* (TMT), das etwa gleichzeitig fertig werden soll, ist eine gigantische Variante des Keck-Observatoriums. Beinahe fünfhundert Einzelfacetten soll der Spiegel enthalten, der in etwa die Höhe eines siebengeschossigen Gebäudes erreichen wird. Dadurch wird das neue Teleskop die zehnfache Lichtmenge des Keck-Observatoriums einfangen und eine drei Mal so hohe Auflösung erreichen können. Der 3,10 Meter große Sekundärspiegel des Teleskops – größer als der Hauptspiegel des Hooker-Teleskops am Mount Wilson-Observatorium – wird mit adaptiver Optik zur Kompensation atmosphärischer Störungen ausgestattet sein.

In Europa liegen bereits die Pläne für das *European Extremely Large Telescope* (E-ELT) bereit – ein ehrgeiziges Projekt, das von der Europäischen Südsternwarte (ESO) vorangetrieben wird. Es handelt sich dabei ebenfalls um ein segmentiertes Teleskop. Aber bei einem geplanten Durchmesser von 42 Metern, wird das E-ELT im Vergleich zum amerikanischen Dreißig-Meter-Teleskop von einer doppelt so großen Spiegelfläche Gebrauch machen können. Der Entwurf ist avantgardistisch und beinhaltet fünf Spiegel sowie topmoderne adaptive Optik zum Ausgleich von atmosphärischen Störungen. Das E-ELT soll um 2017 herum in Betrieb genommen werden und wahrscheinlich im Norden Chiles stehen.

MODELLENTWURF DES THIRTY-METER TELESCOPE

Das beeindruckende *Thirty-Meter Telescope* (TMT), das sich derzeit noch in der Studienphase bei einem Konsortium aus kalifornischen und kanadischen Forschungsinstituten befindet, wird alle anderen Teleskope in den Schatten stellen. Dieses futuristische Teleskop wird entweder auf dem Mauna Kea, auf Hawaii oder auf dem Cerro Armazones in der chilenischen Atacamawüste stehen.

PANORAMABLICK AUF DAS EUROPEAN EXTREMELY LARGE TELESCOPE

Die Sonne geht gerade über der riesenhaften Kuppel des zukünftigen *European Extremely Large Telescope* unter. Der Entwurf ist hypermodern und beinhaltet fünf Spiegel sowie topmoderne adaptive Optik zum Ausgleich von atmosphärischen Störungen.

Diese Riesenteleskope der Zukunft, die sich auf Infrarotbeobachtungen spezialisieren, werden standardmäßig mit hochempfindlichen Kameras, Spektrographen und adaptiver Optik ausgestattet. Sie werden uns das Studium der ersten Galaxien und Sterne erlauben, die sich vor dreizehn Milliarden Jahren bildeten. Sie sollten uns ebenfalls das erste wirkliche Bild eines erdähnlichen Planeten in einem anderen Sonnensystem liefern – eine Art Heiliger Gral der modernen beobachtenden Astronomie.

Warten auf E.T.s Anruf

Die Entdeckung extraterrestrischen Lebens wäre der größte Durchbruch in der Geschichte des Teleskops. Leider ist nicht ganz klar, welche die beste Suchstrategie sein könnte. Wenn Leben mehr oder weniger allgegenwärtig ist, sollten doch Spuren von Fossilien oder Mikroorganismen auf dem Mars, gleich vor unserer kosmischen Haustür, zu finden sein. Weiter entfernt würde Leben die chemische Zusammensetzung planetarischer Atmosphären so verändern, dass zukünftige spektroskopische Studien von Exoplaneten, mit Hilfe von Interferometern wie dem *Terrestrial Planet Finder oder Darwin*, die Existenz fremder Organismen enthüllen könnten.
Aber leider kann man diese Studien nur in unserer unmittelbaren galaktischen Umgebung, mit einer maximalen Entfernung von wenigen Lichtjahren durchführen. Wenn aber Leben im Universum eine Seltenheit ist, dann müssen wir unsere Netze weiter auswerfen. Hier kommt SETI ins Spiel: die *Search for Extra-Terrestrial Intelligence*, die Suche nach außerirdischer Intelligenz. Dahinter steckt die Hoffnung, dass sich außerirdische und technologisch fortgeschrittene Zivilisationen, durch das Aussenden von Radiowellen oder sogar Laserpulsen in den Weltraum bemerkbar machen könnten.
Radioastronomen belauschen den Kosmos schon seit den frühen sechziger Jahren auf künstliche Signale. Aufgrund der Präzision, mit der der erste, 1967 entdeckte, Pulsar Radiosignale aussandte, dachte man anfänglich eine außerirdische Botschaft empfangen zu haben. Doch trotz verstärkter Anstrengungen, ist der Anruf von E.T. bis heute nicht eingetroffen. Es ist noch unklar, wie man dieses negative Ergebnis deuten soll; vielleicht ist es einfach zu anthropozentrisch nach modernen, Radiowellen aussendenden Zivilisationen zu suchen.
Die neue Generation von Radioteleskopen, wie das sich im Bau befindliche kalifornische *Allen Telescope Array* und das zukünftige *Square Kilometer Array*, sollte in der Lage sein, Signale wie die von unserer Erde ausgehenden, von der anderen Seite der Milchstraße aufzufangen. In einem anderen Bereich des Spektrums sucht man mit einer verhältnismäßig neuartigen Technik, dem optischen SETI, nach kurzen, energiereichen Laserpulsen, die vielleicht von einer außerirdischen Zivilisation zur Kommunikation über weite interstellare Entfernungen hinweg benutzt werden.
Ob wir jemals Kontakt zu anderen Lebensformen im Weltraum aufnehmen werden, kann niemand vorhersagen. Vielleicht ist komplexes, vielzelliges Leben in Wirklichkeit eine Rarität – das Wissen darum alleine wäre schon von großer Bedeutung. Aber vielleicht steht uns die Entdeckung außerirdischer Intelligenz ganz knapp bevor. Und Sie können daran teilnehmen, indem Sie die ins Internet gestellte Software SETI@home benutzen.

„LOFAR wird sogar versuchen, eventuelle Radiosignale extraterrestrischer Zivilisationen zu finden.“

DER MODELLENTWURF FÜR DAS SKA-TELESKOP

Sowohl Australien als auch Südafrika bewerben sich um die Aufstellung des internationalen *Square Kilometer Array*-Projekts (SKA), einem gigantischen Netz aus Radioantennen und flachen Empfängern, das für die Astronomen zu einer unvergleichlichen Fundgrube aus dem Reich der Radiowellen werden soll.

Auf Radioastronomen wirkt ein 42-Meter-Teleskop lächerlich. Sie können jeder Zeit viele kleine Instrumente zusammenschalten und erhalten dadurch einen *wesentlich* größeren Empfänger. Das *Low Frequency Array*, kurz LOFAR genannt, befindet sich derzeit in Bau in den Niederlanden. Seine dreißigtausend unscheinbaren Antennen, die zu Hunderten in so genannten „Stationen“ gruppiert sind, sind im ganzen Land verteilt und, zu einem kleinen Teil, sogar im Nachbarland Deutschland. Ein exklusives Glasfasernetz verbindet die Antennen mit einem zentralen Superrechner zur Datenverarbeitung. Diese absolute Neuheit besitzt keine beweglichen Teile, kann aber trotzdem gleichzeitig in acht verschiedenen Richtungen beobachten. Das mag zwar nach Zauberei klingen, ist aber dadurch möglich, dass die Zeitdifferenzen zwischen der Ankunft der Radiowellen, aus jeder Position am Himmel, für jede einzelne Antenne genau bekannt ist.

Die Technologie von LOFAR wird sicherlich Eingang finden in das *Square Kilometer Array*-Projekt, das auf der Wunschliste der Radioastronomen ganz oben steht. Dieses Observatorium wird in Australien oder Südafrika von einer internationalen Kollaboration gebaut werden. Große herkömmliche Antennenschüsseln und kleine stationäre Empfänger sollen dabei zusammengefasst werden, um ein unglaublich präzises Bild des Radiohimmels zu liefern. Mit einer Gesamtsammelfläche von einem Quadratkilometer wird dieses Radiointerferometer das bei weitem empfindlichste Radioinstrument sein, das je gebaut wurde. Galaxien in der Entwicklung, explodierende Quasare, blinkende Pulsare – keine einzige Radioquelle wird vor den Spionen des *Square Kilometer Array* sicher sein. Dieses Instrument wird sogar versuchen eventuelle Radiosignale extraterrestrischer Zivilisationen zu finden.

Atmosphärische Herausforderungen

Ohne adaptive Optik wäre der Bau extrem großer Teleskope ziemlich sinnlos. Adaptive Optik verwendet Wellenfrontsensoren, schnelle Rechner, flexible Spiegel und winzige Aktoren, um atmosphärische Störungen zu kompensieren. Doch die momentane Technologie kann nicht einfach für 30- oder 40-Meter-Teleskope benutzt werden, da diese Giganten das Sternenlicht über eine derart große Fläche einfangen, so dass die eintreffende Wellenfront durch mehrere atmosphärische Zellen in verschiedenen Schichten laufen muss. Um dieses Problem zu lösen, arbeiten auf Optik spezialisierte Wissenschaftler an einer Technik namens multi-konjugierte adaptive Optik. Diese Technik benutzt Natriumlasern um bis zu fünf künstliche Leitsterne auf der Erde zu erschaffen.

„*Über die möglichen, aufregenden Entdeckungen des Hubble-Nachfolgers kann man nur spekulieren.*“

DAS JAMES WEBB-TELESKOP

Das 6,50 Meter große *James Webb Space Telescope* (JWST), das in Zukunft in einem Abstand von 1,5 Millionen Kilometern von der Erde im All stationiert werden soll, wird der Nachfolger des Hubble-Weltraumteleskops werden. Im Gegensatz zum Hubble-Teleskop wird sich JWST auf die Strahlung im Infrarotbereich des Spektrums konzentrieren.

Und wie geht es im Weltraum weiter? Nach seiner vorläufig für Oktober 2008 geplanten fünften und letzten Wartungsmission, wird das Hubble-Weltraumteleskop noch bis etwa 2013 aktiv in Betrieb bleiben. Ungefähr zum selben Zeitpunkt wird sein Nachfolger seine Arbeit aufnehmen: das *James Webb Space Telescope* (JWST), das nach einem verstorbenen NASA-Direktor benannt wurde und von einer amerikanischen, europäischen und kanadischen Kollaboration gebaut wird. Beim Erreichen des Weltraums soll sich der 6,50 Meter große segmentierte Spiegel wie eine Blüte öffnen und das JWST wird dann sieben Mal so empfindlich sein wie Hubble. Ein riesiger Sonnenschild wird dabei die optischen und die gekühlten Instrumente dauerhaft vor Wärmestrahlen schützen.

Das JWST wird nicht die Erde umkreisen, sondern, in einem Abstand von 1,5 Millionen Kilometer von der Erde, in eine weite Umlaufbahn um die Sonne gebracht werden. Dort wird es ungehindert von störender Strahlung der Erde beobachten können. Noch vor 50 Jahren war das 5-Meter-Hale-Spiegelteleskop des Palomar-Observatoriums das größte Teleskop der Welt. Bald schon wird ein noch größeres Teleskop durch die Tiefen des Weltraums schweben. Man kann über seine möglichen, aufregenden Entdeckungen nur spekulieren. Bleiben Sie dran!

Gegenwärtig werden noch weitere futuristische Weltraumteleskope entworfen und geplant. Einige sind relativ kleine optische Instrumente mit einer bestimmten wissenschaftlichen Zielsetzung, wie z.B. die Kepler-Mission auf der Suche nach erdähnlichen Exoplaneten oder SNAP, die *SuperNova Acceleration Probe*, zum Studium der Expansionsgeschichte des Universums durch Beobachtung ferner Supernova-Explosionen. Andere sind mittelgroße Weltraumteleskope wie das *Wide-Field Infrared Survey Explorer* der NASA und die astrometrische ESA-Mission Gaia zur Vermessung unseres Milchstraßensystems. Und dann gibt es noch so gigantische Weltraumprojekte wie das europäische Röntgenobservatorium *X-ray Evolving Universe Spectroscopy* (XEUS) – ein riesiges Röntgenteleskop, das aus zwei Raumsonden im präzise abgestimmten Formationsflug bestehen soll – und die *Laser Interferometer Space Antenna* (LISA), ein in internationaler Zusammenarbeit geplanter interferometrischer Gravitationswellendetektor.

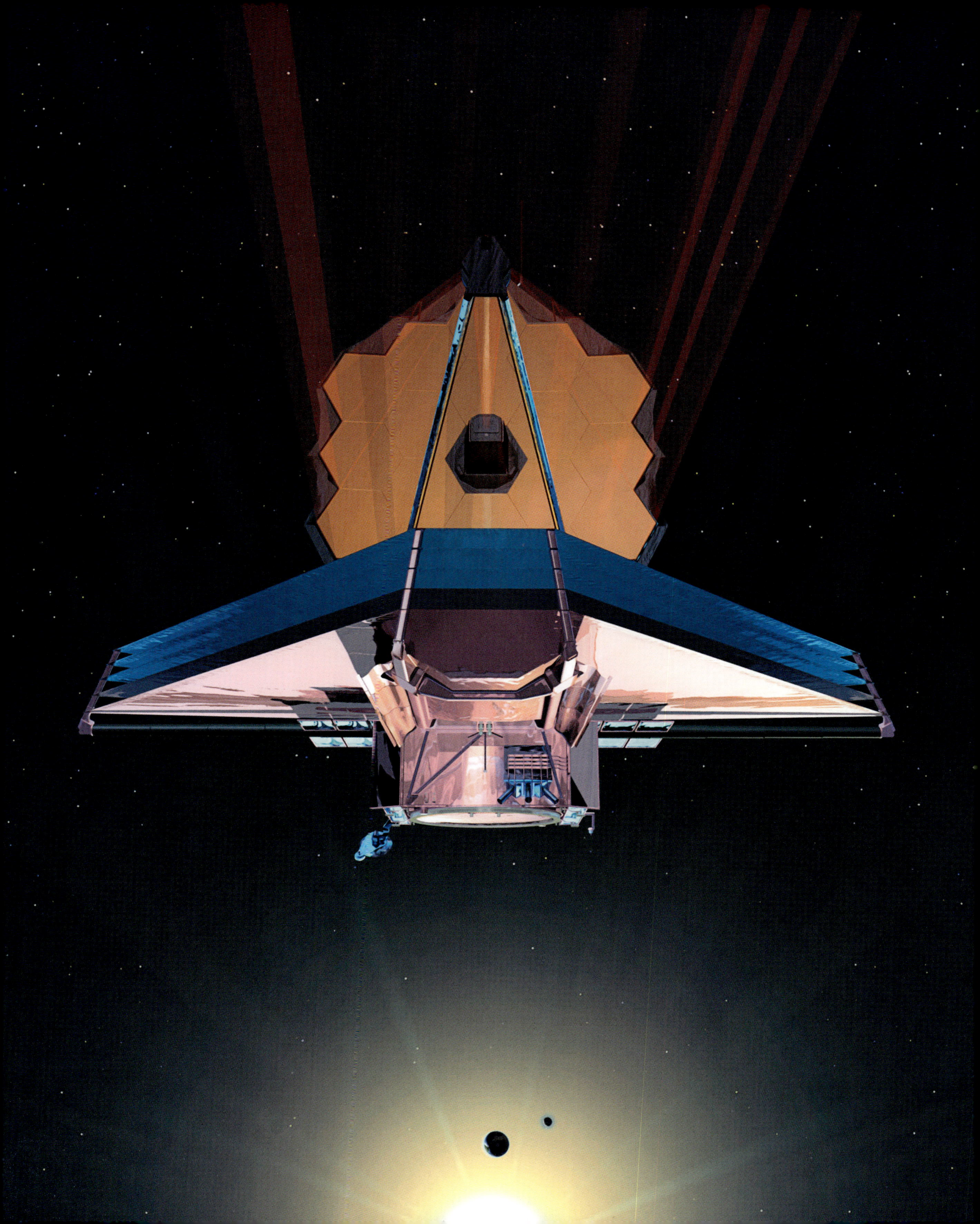

„Radioastronomen wollen eine LOFAR-ähnliche Aufstellung von kleinen Antennen auf dem Mond stationieren.“

„*Quecksilberteleskope können nur exakt senkrecht in den Himmel schauen, sind aber dafür relativ billig und einfach in der Herstellung.*“

Kreative Ingenieure denken sich andauernd neuartige Teleskop-Designs aus. In Kanada haben Wissenschaftler Teleskope mit Hauptspiegeln aus flüssigem Quecksilber in rotierenden Behältern gebaut, in dessen natürlicher Krümmung sich das Sternenlicht widerspiegelt. Diese Quecksilberteleskope können nur exakt senkrecht in den Himmel schauen, sind aber dafür relativ billig und einfach in der Herstellung. Sie sind wahrscheinlich die idealen Instrumente für statistische Studien ferner Galaxien, die überall am Himmel gefunden werden können. Es gibt bereits ansatzweise Pläne für ein *Large Aperture Mirror Array* (LAMA) mit achtzehn 10 Meter großen Quecksilberteleskopen, die im Verbund arbeiten sollen und dieselbe Lichtsammelkapazität wie das europäische *Extremely Large Telescope* haben sollen.

Radioastronomen wollen eine LOFAR-ähnliche Aufstellung von kleinen Antennen auf dem Mond stationieren, fernab aller Quellen terrestrischer Radiointerferenzen. Es könnte sogar eines Tages ein großes optisches Teleskop auf der erdabgewandten Seite des Mondes geben – was der bestmögliche Ort für optische Astronomie innerhalb des Sonnensystems sein soll. In der Röntgenastronomie setzt man auf empfindliche Weltraumteleskope und frei schwebende fokussierende Scheiben, um die Winkelauflösung gewaltig zu verbessern. Es könnte ihnen dabei sogar gelingen den Rand eines Schwarzen Loches aufzunehmen.

RADIO-INTERFEROMETRIE AUF DEM MOND

In einer fernen Zukunft könnten Astronomen auch den Bau von Teleskopen auf der Mondoberfläche wagen. Diese Abbildung zeigt ein Radiointerferometer nicht unähnlich dem *Low Frequency Array* (LOFAR), das sich derzeit in den Niederlanden im Bau befindet. Auf der erdabgewandten Seite des Mondes gäbe es keine störenden Radiointerferenzen von terrestrischen Quellen.

Die Vermessung Dunkler Materie

Astronomen können die Verteilung der unsichtbaren Dunklen Materie im Universum mit dem so genannten Schwachen Linseneffekt studieren. Bei dem wohlbekannten starken Gravitationslinseneffekt wird das Bild von einer Hintergrundgalaxie durch die Schwerkraft eines Galaxienhaufens im Vordergrund verzerrt. Der schwache Linseneffekt ist wesentlich subtiler. Immense Ansammlungen Dunkler Materie beeinträchtigen die Formen von sehr fernen Galaxien nur ganz minimal. Indem man die beobachteten Formen tausender oder sogar Millionen ferner Galaxien mit statistischen Methoden studiert, kann man die Verteilung der die Bilder verzerrenden Dunkle Materie-Wolken (oben in blau dargestellt), detailliert kartographieren. Dies ist eine der Zielsetzungen der SuperNova Acceleration Probe (SNAP).

„Es ist schwer zu glauben, dass die Erde der einzige lebendige Planet im gesamten Universum sein soll."

Eines Tages wird das Teleskop vielleicht dazu in der Lage sein, uns die Antwort auf die brennendste aller Fragen zu geben: Gibt es noch andere Lebewesen im Universum? Wir wissen, dass es noch andere Sonnensysteme gibt. Wir vermuten, dass es erdähnliche Exoplaneten mit flüssigem Wasser gibt. Aber... gibt es auch Leben? Es ist schwer zu glauben, dass unser Heimatplanet der einzige im gesamten Universum sein soll, auf dem das Wechselspiel zwischen Wasser und organischen Molekülen – beides im Überfluss im interstellaren Raum vorhanden – zur Entstehung von lebendigen Zellen geführt hat. Sicher wissen wir es nicht. Die Weltrauminterferometer der Zukunft könnten darüber Aufschluss geben. NASA plant schon seit geraumer Zeit das so genannte *Terrestrial Planet Finder*-Projekt, für die Suche nach erdähnlichen Exoplaneten, und ein entsprechendes Projekt namens Darwin wird gerade von europäischen Wissenschaftlern entwickelt. Diese beiden Projekte könnten außerirdisches Leben finden.

Darwin wird aus drei oder vier riesigen Weltraumteleskopen bestehen, welche die Sonne im Formationsflug umkreisen, wobei ihre jeweiligen Abstände voneinander durch Laser mit Nanometerpräzision kontrolliert werden. Zusammen werden diese Teleskope ein ausreichendes Auflösungsvermögen besitzen, um tatsächlich erdähnliche Planeten in anderen Sonnensystemen abzubilden. Im nächsten Schritt würde man das von der „Exo-Erde" reflektierte Licht studieren, das den spektroskopischen Fingerabdruck der planetarischen Atmosphäre in sich trüge. Vielleicht können wir schon in fünfzehn Jahren die Signaturen von Sauerstoff, Methan und Ozon auf einem entlegenen Planeten nachweisen – für Astrobiologen ein eindeutiger Hinweis auf Leben. Zwar mögen Außerirdische, die ihre fliegenden Untertassen am Time Square parken, aufregender erscheinen, aber der Fund von Mikroorganismen außerhalb der Erde wäre der endgültige Beweis dafür, dass wir nicht allein im Universum sind und könnte deshalb auch gut und gern die spektakulärste Entdeckung in der Geschichte der Menschheit sein.

EINS DER TELESKOPE DER DARWIN-MISSION
Drei oder vier Weltraumteleskope, ähnlich wie das hier abgebildete, könnten zu einem gewaltigen Weltrauminterferometer zusammengeschlossen werden, wie es für das Projekt Darwin der Europäischen Raumfahrtorganisation vorgesehen ist. Darwin soll in der Lage sein, erdähnliche Planeten direkt abzubilden, die sich im Orbit von sonnengleichen Sternen befinden.

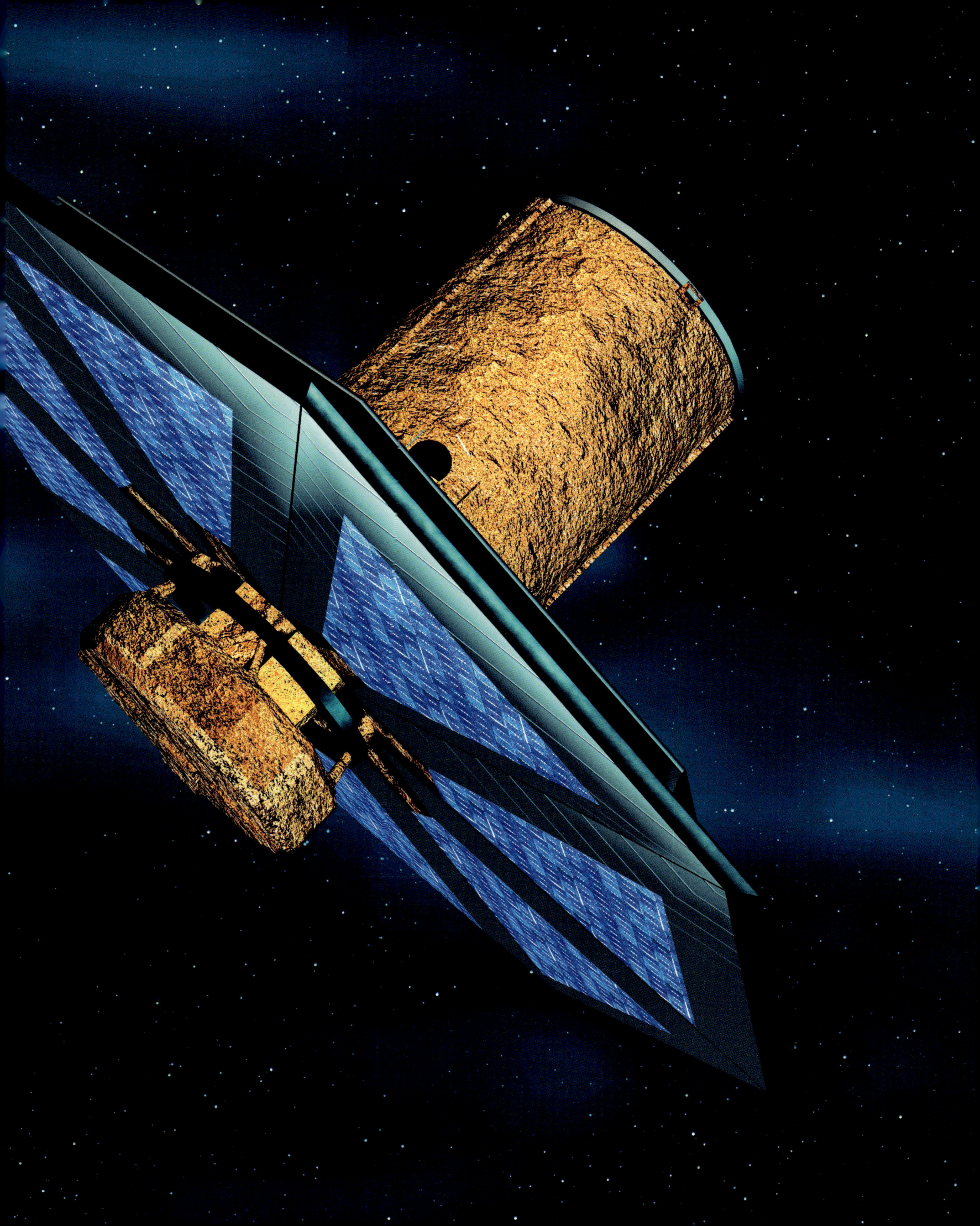

DIE BALKENSPIRALGALAXIE NGC 1672

Blaue Verbände heißer, junger Sterne und rosige Wolken glühenden Wasserstoffs folgen den gewaltigen Spiralarmen der Galaxie NGC 1672, die sich in ungefähr 60 Millionen Lichtjahren Entfernung, im Sternbild Schwertfisch befindet. Zarte Staubvorhänge verdunkeln und röten teilweise das Licht der hinter ihnen liegenden Sterne. Dieses Foto des Hubble-Weltraumteleskops verdeutlicht, vierhundert Jahre nach der Erfindung des Teleskops, die Fortschritte der beobachtenden Astronomie.

„Tausende Hobbyastronomen, überall auf dem gesamten Erdball, treten in jeder sternenklaren Nacht vor die Haustür, um den Kosmos zu bestaunen."

EIN HOBBY-ASTRONOM SCHAUT IN DEN NACHTHIMMEL

Der emsige Hobby-Astronom Babak Tafreshi nahm dieses Bild von einem Gleichgesinnten auf, während dieser in den klaren Himmel über dem iranischen Berg Damavand schaut. Der Damavand ist ein ruhender Vulkan und ist mit einer Höhe von 5610 Metern der höchste Berg des Nahen Ostens. Er befindet sich im Elburs-Gebirge, in der Nähe der Hauptstadt Teheran. Seine letzte Eruption muss schon tausende Jahre her sein. Bei der kleinen hellen Wolke in der rechten, oberen Ecke des Bilds, handelt es sich um 17P, den periodischen Kometen Holmes, bei einem Helligkeitsausbruch im Jahr 2007.

Amateuraugen

Begeisterte Hobby-Astronomen können einen wertvollen Beitrag zur wissenschaftlichen Astronomie leisten. Nicht weil sie größere Instrumente besitzen sondern weil sie gemeinsam über mehr Zeit verfügen. Es gibt nur wenige große professionelle Teleskope, Beobachtungszeit muss weit im Voraus reserviert werden und dann werden sie jeweils nur auf bestimmte Objekte gerichtet. Mittelgroße Amateurteleskope aber sind zahlreich und, dank Steuerung über Computer und elektronischer Detektoren, können sie in bedeutendem Maße zum Studium solch flüchtiger Phänomene wie Sternverdunkelungen durch Asteroide, vorbeiziehende Exoplaneten und Nachglühen von Gammastrahlungsblitzen beitragen. Schon in manch einem Fall hat der Hobby-Astronom genügend Material sammeln können, um Co-Autor einer wissenschaftlichen Publikation zu sein.

Das Universum birgt noch viele Überraschungen. Der Himmel verliert nichts von seiner Faszination. Da nimmt es auch nicht Wunder, dass tausende Hobbyastronomen, überall auf dem gesamten Erdball, in jeder sternenklaren Nacht vor die Haustür treten, um den Kosmos zu bestaunen. Sie betrachten den Mond und die Planeten, beobachten veränderliche Sterne und Kometen, und sie können den Blick von fernen Nebeln und Galaxien nicht abwenden. Ihre Teleskope sind heutzutage bei weitem nicht mehr die einfachen Instrumente, die Galileo vor vierhundert Jahren benutzte. Dank dem Wunder der technologischen Fortschritte, übertreffen ihre digitalen Fotos heute die besten Fotografien, die man noch vor wenigen Jahrzehnten von Profis erwarten konnte.

Auf dem Wege nach einem vollständigen Verständnis des Kosmos steckt die 400-jährige Untersuchung des Universums mit dem Teleskop praktisch noch in den Kinderschuhen. Es gibt noch viele unerforschte Gebiete dort draußen. Sie können sich den Entdeckern anschließen. Schauen Sie nach oben und staunen Sie. Unser Fenster zum Himmel.

Govert Schilling

Govert Schilling ist Autodidakt und, vor allem in den Niederlanden, als Autor populärwissenschaftlicher Bücher und Artikel über Astronomie bekannt. Er begann sich schon als Teenager für Astronomie als Hobby zu interessieren nachdem er den Planeten Saturn durch ein 3-Zoll-Teleskop beobachten konnte. Obwohl Schilling sein Interesse an der Astronomie nie verloren hat, verfolgte er keine akademische Karriere auf diesem Gebiet. Er ließ sich stattdessen zum Maschinenbauingenieur ausbilden und arbeitete danach als Bildrechercheur für einen niederländischen Lexikonverlag und als Chefredakteur der *Zenit*, einer niederländischen Zeitschrift für Hobby-Astronomen.

1982 begann Schilling als Texter und Programmleiter am Planetarium in Amsterdam zu arbeiten. Zu dieser Zeit veröffentliche er auch die ersten astronomischen Zeitungs- und Zeitschriftenartikel. Sein erstes Buch erschien 1985. Das Amsterdamer Planetarium wurde 1987 Teil des Zoos *Artis*, ebenfalls in Amsterdam. Schilling organisierte weiterhin beliebte Planetariumsvorführungen inklusive einer Show mit den Figuren der Sesamstrasse für die er den *Award of Excellency* des *Children's Television Workshop* erhielt.

Schilling arbeitete viele Jahre in Teilzeit für das *Artis* Planetarium, während er gleichzeitig als freiberuflicher Autor Texte für Zeitungen, Zeitschriften, Funk und Fernsehen verfasste. Seit 1998 konzentriert er sich ausschließlich auf seine Autorentätigkeit. Er schreibt regelmäßig über Astronomie und Weltraumwissenschaft für die niederländische Tageszeitung *de Volkskrant*, für eine Reihe anderer niederländischer Wochen- und Monatszeitschriften, für die britischen Ausgaben des *New Scientist* und für *BBC Sky at Night*, sowie für die amerikanischen Zeitschriften *Sky & Telescope* (für die er auch beitragender Redakteur ist), *Science* und *Scientific American*.

Schilling hat inzwischen fast fünfzig Bücher über verschiedene Themen der Astronomie geschrieben, angefangen bei Kinderbüchern und einfachen Weltraumführern bis zu hochaktuellen Themenbüchern über die neuesten Entwicklungen auf dem Gebiet der Astronomie. Einige seiner Bücher, wie z.B. *Flash! The Hunt for the Biggest Explosions in the Universe, Evolving Cosmos*, und *The Hunt for Planet X* sind sogar ins Deutsche bzw. ins Englische übersetzt worden.

Er betreibt ebenfalls sein eigenes, in den Niederlanden sehr beliebtes, Astronomieportal im Web unter der Internetadresse www.allesoversterrenkunde.nl. Im Jahre 2002 erhielt er außerdem den renommierten niederländischen *Eureka!-Pokal*, der einmal im Jahr vergeben wird, für seinen Beitrag zur Popularisierung von Wissenschaft und Technologie.

Die Internationale Astronomische Union benannte im Jahr 2007 einen Asteroiden, den „10986 Govert", nach ihm.

Lars Lindberg Christensen

Lars Lindberg Christensen leitet als Experte für Wissenschaftskommunikation das Informationzentrum der *Hubble European Space Agency* in München. In dieser Position ist er verantwortlich für die Bildungsprogramme und Öffentlichkeits-Informationen über das Hubble-Weltraumteleskop der NASA/ESA in Europa. Er erhielt sein Diplom in Physik und Astronomie von der Kopenhagener Universität in Dänemark. Vor seiner jetzigen Position arbeitete er zehn Jahre lang als Verantwortlicher für Öffentlichkeitsarbeit und technischer Spezialist am Tycho Brahe Planetarium in Kopenhagen.

Er kann bereits über 100 Veröffentlichungen für sich verbuchen, die meisten davon aus dem Bereich der populärwissenschaftlichen Kommunikation und über das Kommunikationsmodell. Darüber hinaus interessiert er sich für einige wichtige Teilgebiete der Kommunikationsforschung, wie z.B. graphische, schriftliche, technische und wissenschaftliche Kommunikation. Er hat auch einige Bücher geschrieben, insbesondere *The Hands-On Guide for Science Communicators* und *Hubble: 15 Years of Discovery*. Seine Bücher sind in die finnische, portugiesische, dänische, deutsche und chinesische Sprache übersetzt worden.

Lars Christensen hat in der Vergangenheit eine Vielzahl an Material für so unterschiedliche Medien wie Lasershows, Sternenhimmel- und Diavorführungen sowie für Internet, Printmedien, Funk- und Fernsehen zusammengestellt. In seiner Methodik konzentriert er sich darauf, innovative Strategien für die erfolgreiche Vermittlung der Wissenschaftssprache und Erstellung von Bildungsmaterial zu entwickeln und umzusetzen. Bei dieser Arbeit zieht er Fachleute wie Grafikdesigner und technische Zeichner zu Rate. Einige Ergebnisse dieser Zusammenarbeit kann man auf der folgenden Webseite ansehen: http://www.spacetelescope.org/.

Lars Christensen ist Leiter für Presse- und Öffentlichkeitsarbeit der Internationalen Astronomischen Union (IAU), Gründungsmitglied und Sekretär des IAU-Ausschusses *55 Communicating Astronomy with the Public* (http://www.communicatingastronomy.org), Leiter des *Photoshop FITS Liberator*-Projekts der ESA/ESO/NASA, leitender Redakteur der von Fachleuten gelesenen Fachzeitschrift *Communicating Astronomy with the Public*, Verantwortlicher für den Video-Podcast Hubblecast, Leiter der Arbeitsgruppe für das „Internationale Jahr der Astronomie“ der IAU sowie der Produzent und Regisseur der wissenschaftlichen Dokumentation *Hubble – 15 Years of Discovery*. 2005 erhielt Christensen als bisher jüngster Preisträger die Tycho-Brahe-Medaille für seine Leistungen auf dem Gebiet der Wissenschaftskommunikation.

Bildquellen

S. 0-1
Subaru Telescope, National Astronomical Observatory of Japan

S. 4-5
Gemini Observatory

S. 6
Hubble Space Telescope, Chandra X-Ray Observatory and Spitzer Space Telescope/NASA, ESA, CXC and JPL-Caltech

S. 8
ESA/Hubble (M. Kornmesser)

S. 11
Science Photo Library

S. 12
Science Photo Library

S. 14
Alle: History of Science Collections, University of Oklahoma Libraries; copyright the Board of Regents of the University of Oklahoma

S. 15
Alle: History of Science Collections, University of Oklahoma Libraries; copyright the Board of Regents of the University of Oklahoma

S. 16
Alle: History of Science Collections, University of Oklahoma Libraries; copyright the Board of Regents of the University of Oklahoma

S. 17
Andrew Dunn (CC-AS 2.0)

S. 18-19
Das Boerhaave Museum

S. 21
Sheila Terry/Science Photo Library

S. 22
History of Science Collections, University of Oklahoma Libraries; copyright the Board of Regents of the University of Oklahoma

S. 23
Royal Astronomical Society/Science Photo Library

S. 24
(Oben): Science Photo Library
(Unten): Hubble Space Telescope/NASA, ESA (S. Beckwith (STScI), and the Hubble Heritage Team STScI/AURA))

S. 25
(Links): Royal Astronomical Society/Science Photo Library. (Right): ESO

S. 26
Matthew Hunt; GNU Free Documentation License

S. 29
Alain Riazuelo

S. 30
NOAO/AURA/NSF

S. 31
Bill Miller

S. 32
Pedro Ré, George Willis Ritchey

S. 34
5-Meter-Hale-Teleskops *Wide-field Infra-Red Camera*/California Institute of Technology (David Thompson)

S. 35
Davide De Martin (ESA/Hubble), ESA/ESO/NASA Photoshop FITS Liberator & Digitized Sky Survey

S. 36
The Franklin Institute

S. 37
5-Meter-Hale-Teleskop mit *Wide-field Infra-Red Camera*/California Institute of Technology (David Thompson)s

S. 38
Tom Jarrett

S. 40
Special Astrophysical Observatory (SAO)

S. 41
Alle: ESA/Hubble (M. Kornmesser)

S. 42
MPIA

S. 43
NOAO/AURA/NSF (Mark Hanna)

S. 44
ESO (C. Madsen)

S. 47
New Technology Telescope/ESO (Leonardo Testi und Leonardo Vanzi)

S. 48
(links) Blanco-4-Meter-Teleskop/Cerro Tololo Inter-American Observatory (M. Robberto). (rechts) NOAO/AURA/NSF/Gemini Observatory

S. 49
SAGEM/ESO

S. 50
ESA/Hubble & ESO (Luis Calcada)

S. 53
ESO (H. Heyer)

S. 54
ESO (Yuri Beletsky)

S. 56
Gemini Observatory/AURA/NSF (Richard Wainscoat)

S. 57
Gemini Observatory (K. Pu'uohau-Pummill)

S. 58
NASA/JPL-Caltech

S. 59
NSO/AURA/NSF (Bill Livingston)

S. 60-61
Large Binocular Telescope Corporation (Vereinigte Staaten von Amerika, Italien und Deutschland, Marc-Andre Besel und Wiphu Rujopakarn)

S. 62
Hubble Space Telescope/NASA, ESA (M. Robberto (Space Telescope Science Institute/ESA) und das Hubble-Weltraumteleskop *Orion Treasury Project Team*)

S. 65
(Oben): NASA & Flammarion, La Planète Mars
(Unten): John Draper

S. 66
Pedro Ré, George Willis Ritchey

S. 67
Palomar-Samuel-Oschin-Schmidt-Teleskop

S. 69
ESA/Hubble (M. Kornmesser)

S. 71
University of Alaska Anchorage (T.A. Rector), WIYN (H. Schweiker) und NOAO/AURA/NSF

S. 72
Fermilab Visual Media Services

S. 74
LSST Corporation, Mason Productions (Todd Mason)

S. 76
NASA/JPL-Caltech/S.S. Teixeira (Center for Astrophysics)

S. 79
Adriaan Renting

S. 80
David Smyth

S. 81
NRAO/AUI (Kristal Armendari)

S. 82
Very Large Array Telescope (NRAO/AUI)

S. 83
Spitzer-Weltraumteleskop (NASA/JPL-Caltech)

S. 85
ESO (L. Calcada/H. Heyer)

S. 87
MAGIC Teleskop-Projekt (Robert Wagner, MPI)

S. 88
Observatorio Astronómico de La Plata (Guillermo E. Sierra)

S. 91
Coast Guard BM Photography (CC by-nc-nd)

S. 92
ESO

S. 93
Nik Szymanek

S. 94
NASA

S. 97
Hubble-Weltraumteleskop/NASA, ESA und A. Nota (ESA/STScI, STScI/AURA)

S. 98
Hubble-Weltraumteleskop/NASA, ESA, und S. Beckwith (STScI) und das HUDF-Team

S. 99
Hubble-Weltraumteleskop/Robert Williams und das Hubble Deep Field-Team (STScI) und NASA/ESA

S. 101
Russ Underwood, Lockheed Martin Space Systems

S. 103
Chandra-Röntgenobservatorium/NASA/UMass/D.Wang et al.

S. 105
NASA's Galaxy Evolution Explorer und die National Science Foundation's Very Large Array/NASA/JPL-Caltech/VLA/MPIA

S. 106
Infrarot: Spitzer-Weltraumteleskop/NASA/JPL-Caltech/R. Kennicutt (University of Arizona), und das SINGS Team; Optisch: Hubble-Weltraumteleskop/Hubble Heritage Team

S. 107
Hubble-Weltraumteleskop, Chandra-Röntgenteleskop und Spitzer-Weltraumteleskop, NASA, ESA, CXC, JPL-Caltech, J. Hester und A. Loll (Arizona State Univ.), R. Gehrz (Univ. Minn.), und STScI

S. 109
WMAP/NASA (das WMAP Science Team)

S. 110
ESO (H. Zodet)

S. 112
Giant Magellan Telescope/Carnegie Observatories

S. 114-115
Thirty-Meter Telescope/Caltech, University of California (UC) und der Association of Canadian Universities for Research in Astronomy (ACURA)

S. 116
ESO (H. Zodet)

S. 117
Graeme L. White & Glen Cozens (James Cook University)

S. 119
SKA Project Office und XILOSTUDIOS

S. 121
JWST/NASA (Northup Grumman, ESA & CSA)

S. 122
ESA/Hubble (M. Kornmesser)

S. 123
Hubble-Weltraumteleskop/NASA, ESA (M.J. Jee und H. Ford (Johns Hopkins University))

S. 125
ESA (Medialab)

S. 126-127
Hubble-Weltraumteleskop/NASA, ESA

S. 129
Babak Tafreshi/TWAN (twanight.org)

S. 130-131
(links) Hans Hordijk, (rechts) Bob Fosbury

Danksagungen

Wir danken Laura Simurda für die aufwendige Bildrecherche und Bearbeitung, Anne Rhodes für genaues Korrekturlesen, den beiden tatkräftigen Grafikdesignern Martin Kornmesser und Nuno Marques für das ansprechende Layout und Design dieses Buches sowie für die Erstellung neuer Illustrationen und die digitale Bildverarbeitung. Wir sind des Weiteren allen Personen, die mit Bildern und Ratschlägen ihren Beitrag zu diesem Buch geleistet haben, zu großem Dank verpflichtet.